불안한 엄마 무관심한 아빠
2

불안한 엄마 무관심한 아빠 큰글자책 ②

개정판 2판 1쇄 인쇄 2022. 2. 11.
개정판 2판 1쇄 발행 2022. 2. 18.

지은이 오은영

발행인 고세규
편집 길은수 **디자인** 박주희
글구성 김미연
발행처 김영사
등록 1979년 5월 17일(제406-2003-036호)
주소 경기도 파주시 문발로 197(문발동) 우편번호 10881
전화 마케팅부 031) 955-3100, 편집부 031) 955-3200 | **팩스** 031) 955-3111

• 이 책은 2011년 6월에 출간된 《불안한 엄마 무관심한 아빠》(웅진리빙하우스)를 전면 개정하여 펴냈습니다.

값은 뒤표지에 있습니다.
ISBN 978-89-349-7792-6 04500 | 978-89-349-9074-1(세트)

좋은 독자가 좋은 책을 만듭니다.
김영사는 독자 여러분의 의견에 항상 귀 기울이고 있습니다.

홈페이지 www.gimmyoung.com   블로그 blog.naver.com/gybook
인스타그램 instagram.com/gimmyoung   이메일 bestbook@gimmyoung.com

오은영 박사의
불안감 없는 어느
육아 둥지 솔루션

큰글자책 2

"화내고 소리 지르고 후회하기를
반복하는 육아, **원인은 불안**"

불안한 엄마
특별부록
칭찬해
플래너

오은영 지음

무관심한 아빠

김영사

차례

첫번째

엄마는 왜? 아빠는 왜?

두번째
불안한 부모, 충돌 상황별 해법을 찾아라

차례

세번째
행복한 부모가 행복한 아이를 만든다

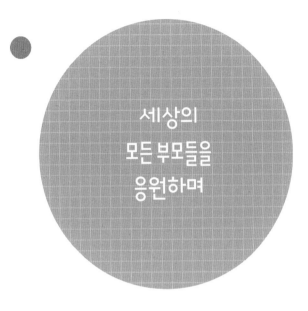

세상의
모든 부모들을
응원하며

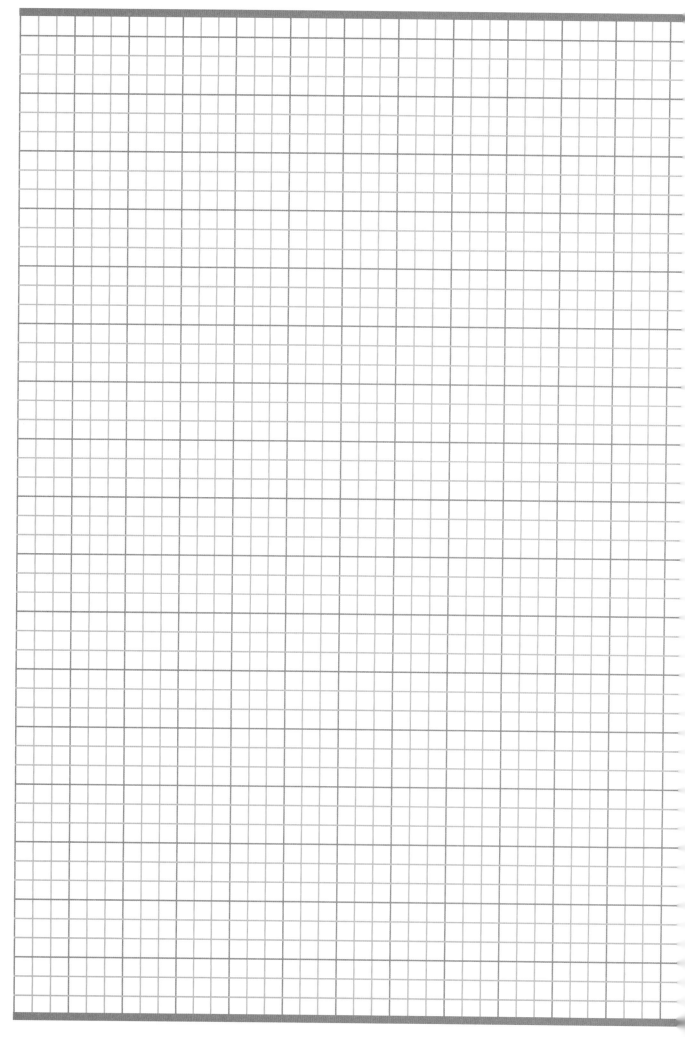

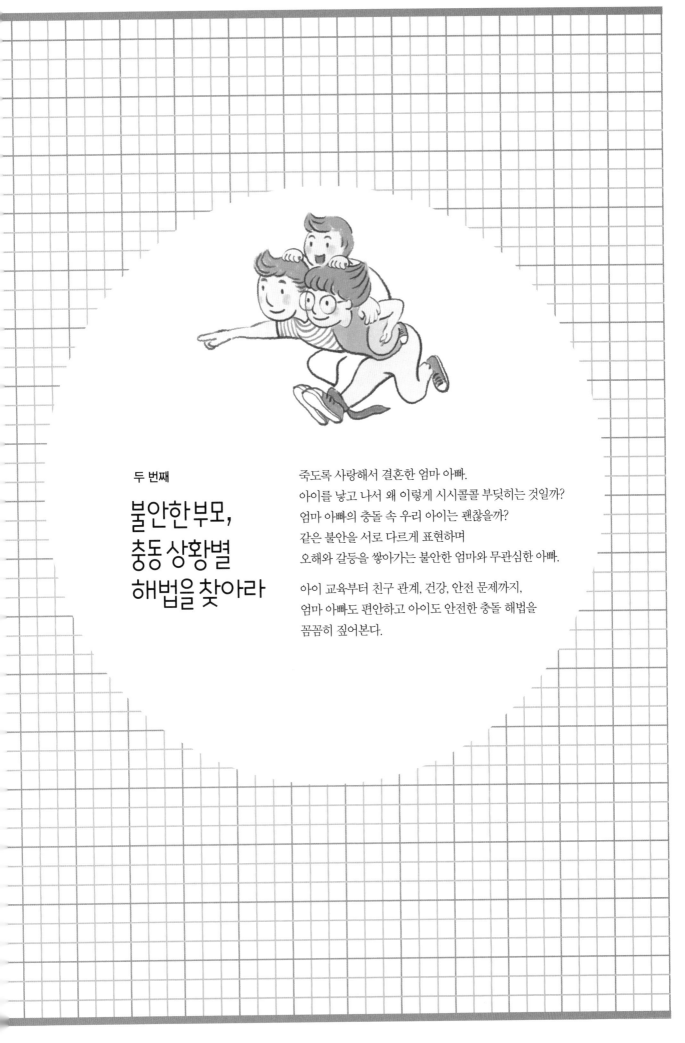

두 번째

불안한 부모,
충동 상황별
해법을 찾아라

죽도록 사랑해서 결혼한 엄마 아빠.
아이를 낳고 나서 왜 이렇게 시시콜콜 부딪히는 것일까?
엄마 아빠의 충돌 속 우리 아이는 괜찮을까?
같은 불안을 서로 다르게 표현하며
오해와 갈등을 쌓아가는 불안한 엄마와 무관심한 아빠.

아이 교육부터 친구 관계, 건강, 안전 문제까지,
엄마 아빠도 편안하고 아이도 안전한 충돌 해법을
꼼꼼히 짚어본다.

아이의 인성과 건강
그리고 안전 문제

인성, 건강, 안전에 대한 엄마 아빠의 생각은…

양육과 관련해서 우리나라 아빠들의 모습을 머릿속으로 그려보면, 약간 대문 밖에 나가 있는 느낌이다. 매일 밖에 나가 사회생활을 하면서 집안에 문제가 생기면 문밖에서 구경을 한다. "저 집 봐라, 저 집! 어이쿠, 저 집 아이 저렇게 되었네. 저 엄마 저러면 안 되는 거 아냐?" 이렇게 말하고 있는 듯한 느낌이다. 우리 아빠들은 문 안으로 직접 들어와서 하는 행동이 드물다. 가끔은 열어놓은 대문으로 한 발만 들여놓은 상태로 안을 들여다보면서, "저 집은 뒤주가 두 개네. 저 집은 아이가 세 명이구나" 한다. "쟤는 되게 뚱뚱하다. 왜 저렇게 먹이는 거야?" 딱 이런 느낌이다. 그러다가 자기 구미에 안 맞는 상황이 벌어지면 순식간에 집 안으로 들어와 난장판을 만들고는 다시 나가버린다.

그들은 대문 안으로 한 발만 넣고 있는 상황에서 단방향 미디어처럼 끊임없이 논리적이고 이론적인 얘기만 해댄다. 버릇없는 아이는 어쩌고저쩌고, 항생제는 이러쿵저러쿵, 면역력은 구시렁구시렁, 소아비만은 어쩌고저쩌고, 식사 예절은 이러쿵저러쿵 식이다. 이렇게 되면 엄마들은 대부분 서운해한다. "직접 해보고 말 좀 해. 나도 알아. 당신 말한 대로 당신이 좀 해보지" 이렇게 나온다. 아빠들은 내 아이를 속속들이 알고 있는 상태에서 자신이 알고 있는 이론이나 논리를 융통성 있게 적용하는 것이 아니라, 종종 제3자의 입장을 취한다. 크게 걱정하는 엄마들 뒤에서, 무심한 듯 판결을 내린다. 마치 중계석에 앉아 아내가 아이를 키우고 있는 것을 지켜보는 느낌이다. 엄마들이 더 답답해하는 이유는, 그 이론이나 논리라는 것이 그나마 요즘 것이라면 봐주겠는데 그조차 옛날 것이라는 사실이다. 아빠들이 생각하는 이상적인 양육 방식은 자신을 키웠던 어머니 세대의 방식인 경우가 많다. 옛날 자신이 자라온 양육 방식을 이상화시키고, 거기에 신문 기사를 가미시켜 아내의 양육 방식에 태클을 건다. 아빠들의 이런 태도는 분명 바뀌어야 한다. 아빠도 아이의 지금 모습에 대해 배워야 한다. 옛날 양육 방식이나 극단적인 이론으로는 아이와 좋은 유대 관계도, 아내와 좋은 부부 관계도 유지할 수 없다.

인성, 건강, 안전에 대해 엄마들은 지나치게 걱정하고, 과도하게 완벽하려고 든다. 아이와 자신을 분리하지 못해 자칫 과잉 개입이나 과잉 통제를 한다. 아빠들이 양육에서 제3자처럼 행동하는 것이 문제라면, 엄마들은 아이가 마치 자신인 것처럼 행동한다. 둘 다 문제다. 때문에 엄마들은 좀처럼 아빠들의 조언이나 참여를 달가워하지 않는다. 아빠들의 육아 참여를 바라기는 하지만, 엄마들이 바라는 방식으로 참여하기를 원한다. 말로는 "아이는 함께 키워야지"라고 하면서, 남편이 다른 의견을 내면 "내 일에 왜 참견이냐. 당신이 뭔데 내 자식을 혼내느냐"는 식이다. 아빠들은 이것을 '집착'이라고 말한다.

엄마가 아이를 자신과 분리하지 못하고 동일시하는 것은 생물학적인 현상이다. 아이는 엄마와 아빠에게 유전자를 반반씩 받고 태어났지만, 아빠는 이 아이가 내 아이가 아닐 수도 있다고 생각한다. 오해하지 말기를 바란다. 이것은 무의식적이긴 하지만 수컷의 오랜 본능이다. 그래서 아이가 못난 모습을 보이면 더 객관적으로 보고 야멸차게 대할 수 있는지도 모른다. 하지만 엄마는 아이가 내 아이라는 것을 확신한다. 내 뱃속에서 나왔기 때문에 자신의 분신이라는 느낌도 있다. 게다가 열 달 동안 함께 다니고, 출생 후 2~3년 동안은 어디든 짝이 되어 다녔기 때문에 아이를 자신과 분리해서 생각하는 것이 어렵다. 하지만 엄마도 변해야 하고 배워야 한다. 사랑해서 분리하지 못한다고 하지만, 아이를 한 사람의 개체로 인정하지 못해서 오는 폐해가 너무나 많다. 사랑해서 오히려 망칠 수도 있다.

❶ 체벌

때려서라도
가르쳐야지!

open daddy's heart

말로 해서 안 들으면 때려서라도 가르쳐야지. 귀한 자식일수록 제대로 가르치는 것이 부모의 의무라고. 자꾸 싸고돌기만 하면 아이를 제대로 키울 수 없는데 아내는 만날 오냐오냐하기만 해. 혼낼 때는 정말 따끔하게 혼내야 하는데, 아내가 말리는 바람에 이도 저도 안 되네.

내가 애를 때리다니!
때리지 말걸….

open mommy's heart

미안해. 엄마가 아까 정신이 어떻게 되었었나 봐. 내가 너를 때리다니, 조금만 참을걸. 요즘 왜 이렇게 화를 조절하지 못하나 몰라. 나 엄마 맞아? 어떻게 홧김이라도 자기 아이를 때릴 수 있어!

부모는 아이를 왜 때릴까? 아마도 "아이를 바르게 키우기 위해서"라고 대답할 것이다. 대부분 아이의 나쁜 행동은 '때려서라도' 반드시 고쳐야 된다고 생각한다. 때리는 부모에게는 이런 명제가 일종의 신념이다. 그들은 체벌을 교육이라고 생각한다. 일명 '가정교육'이다. 결론부터 말하자면, 나는 체벌하는 가정교육에 반대하며 체벌은 백해무익하다고 본다.

체벌을 반대하는 이유는 크게 세 가지다. 첫째, 체벌만큼 아이를 불안하고 공포스럽게 하는 것은 없다. 사람에게는 누구나 지켜져야 하는 안전의 경계선이 있다. 누구와 관계를 맺든 심리적인 경계선이 보호되어야 안정된 정서 상태에서 정상적인 상호작용이 가능하다. 그런데 이 경계선을 침범당하면 상상도 못 할 불안감과 공포감을 느낀다. 누군가 경계선을 넘어오면 적으로 인식하고 공격을 준비하는 것이 인간이다. 그런데 이 경계선을 아무렇지도 않게 침범하는 것이 바로 체벌이다. 게다가 부모나 교사가 체벌을 하면 더욱 문제가 심각해진다. 부모와 교사는 아이를 안전하게 보호하고 사랑해주어야 할 사람들이자, 아이가 믿고 의지해야 할 사람들이다. 그런데 부모와 교사가 체벌을 함으로써 안전을 위협하면 아이는 굉장히 혼란스러워진다. 왜냐하면 자신에게 사랑을 주는 인물과 공격하는 인물이 같기 때문이다. 아이는 안전 경계선이 침범당했다는 불안감에, 나를 지켜줘야 할 사람이 나를 공격했다는 불안감까지 겹쳐져 극도의 공포에 시달린다. 체벌은 누구든 해선 안 되지만, 교사나 부모가 하는 체벌은 더더욱 안 된다.

둘째, 체벌은 전혀 교육적이지 않다. 때려서라도 아이를 바르게 키우겠다는 생각으로 체벌을 한다지만 때려서는 아이를 절대 바르게 키울 수 없다. 왜냐하면 체벌이 반복될수록 아이들은 시쳇말로 매로 때우려 하기 때문이다. 때리는 사람이 아무리 '사랑의 매'라 해도 매를 맞는 아이 입장에서는 두렵고 아프다. 어린아이일수록 더 그렇다. 그래서 아이들은 그 아픈 것을 맞음으로써 자신이 한 잘못을 상쇄해버린다. 부모나 교사의 생각처럼 '아프니까 다시는 그런 행동을 하지 말아야지'라고 마음먹는 것이 아니라, '맞았으니 이제 계산 끝났지?' 하는 식으로 나온다. 잔소리 듣는 것보다 오히려 몇 대 맞는 것이 깔끔하다는 생각까지 하게 된다. 자신의 잘못된 행동을 고치기는커녕 되돌아보지도 않는다. 부모가 의도했던 것과는 아주 다른 효과가 나타나는 것이다. 그런데 이렇게 되면 부모는 체벌의 강도를 더 높인다. 양육이 상당히 위험한 방향으로 흘러가는 것이다. 더 심각한 것은, 체벌에 익숙해진 아이들은 누군가 자기 마음대로 해주지 않으면 일단 때리고 보는 심리가 생긴다는 것이다. 자신이 받은 체벌에서 폭력성을 배우는 것이다. 또한 그 아이가 부모가 되었을 때, 아이와 대화를 하기보다 매부터 드는 사람이 될 수도 있다.

셋째, 체벌은 아이와의 관계를 망친다. 아이가 잘 자라기 위해서는 무엇보다 부모와의 애착이 중요하다. 부모와의 좋은 경험은 아이가 살아가는 과정에 중요한 밑거름이 된다. 어떠한 위기도 어린 시절 부모가 보내준 미소와 웃음, 격려와 칭찬, 무한한 사랑으로 극복해나갈 수 있다. 그런데 체벌은 그것을 방해한다. 체벌을 할 때 부모들은 험악한 얼굴이 되어 소리를 지르고 무서운 분위기를 만든다. 아이는 성인이 될 때까지 어쩔 수 없이 부모의 보살핌을 받아야 하고 부모가 없으면 살 수가 없는데, 그 부모가 자신을 버릴 것 같은, 그리고 나에게 쏟아주었던 사랑을 회수할 것 같은 분위기를 만든다. 아이는 그 순간 상상도 못할 엄청난 공포를 경험하게 된다. 하지만 아이는 부모가 자신을 때리고 소리친 것을 계속 생각하면 무섭기 때문에 빨리 잊어버린다. 무의식적인 갈등은 남겨놓겠지만 일단은 너무 무섭기 때문에 빨리 잊는 것이다. 그러면서 그때 부모가 했던 교육적인 말들, 그때 부모가 매를 들었던 구체적인 이유는 깡그리 잊어버린다. 그 순간 부모에게 느꼈던 두려움과 기분 나쁜 느낌만 남긴다. 이러한 느낌은 아이가 부모와 좋은 관계를 맺는 것을 방해하고, 심한 경우 부모와 아이 사이의 유대 관계를 끊을 수도 있다.

이쯤에서 체벌을 찬성하는 부모나 교사에게 한 가지 물어보고 싶은 것이 있다. 체벌을 하는 순간, 자신이 지금 교육을 하고 있다고 느끼는가? 부모나 교사 자신의 공격성과 분노를 표현하는 것은 아닌가? 쉽게 말해 혹시 성질을 내고 있는 것은 아닌가? 때리는 순간 어떤 희열을 느끼는 것은 아닌가? 분명 "절대 아니다"라고 말하지 못할 것이다. 체벌을 하는 사람은 때리는 순간의 희열 때문에 자꾸 폭력을 쓴다. 자신이 그 순간 상대를 압도하는 것 같고 통제권을 가진 것 같고 힘이 있는 존재인 것 같아 희열을 느낀다. 자칫하면 그 희열에 중독될 수도 있다. 2002년 미국 컬럼비아대학의 엘리자베스 게르쇼프 박사의 연구에 따르면, 아동 학대를 범한 부모의 3분의 2가 처음에는 아이를 바르게 가르치기 위해 체벌을 시작했다고 대답했다고 한다. 아동 학대도 처음에는 사소한 체벌에서 시작되었다는 말이다.

그런데 체벌에 대한 엄마 아빠의 생각도 다르다. 엄마의 경우 아이를 가르치기 위해 체벌이 꼭 필요하다고 생각하는 경우는 드물다. 나 스스로를 조절하지 못해 아이를 때리기는 했지만, 때리고 나서 엄마들은 대부분 죄책감을 느끼고 미안해한다. 그러나 아빠들의 일부는 가르치기 위해 체벌이 꼭 필요하다고 생각한다. 아빠들도 체벌한 후에 후회를 하긴 하는데, 엄마처럼 미안해하며 '때리지 말걸'이 아니라 '그때 확실히 혼내줬어야 했는데, 마누라가 말리는 통에 하다 말아서 아이가 여전히 말을 안 듣는 거 아니야'라고 생각한다. 엄마들은 아이와 자신을 분리하는 것이 어렵기 때문에, 남편이 아이에게 가하는 체벌을 마치 자신에게 하는 것 같아서 못 보겠다고 말하는 경우가 많다. 그렇다면 엄마가 하는 체벌과 아빠가 하는 체벌을 아이는 어떻게 받아들일까? 부모가 하는 체벌은 누가 하든 아이에게 치명적인 상처를 주지만, 굳이 누가 더 심하냐고 묻는다면 아빠다. 아빠는 상대적으로 엄마보다 힘이 세기 때문에 훨씬 무섭다. 게다가 아빠와 사이가 좋지 않은 편이라면 어린 시절에 겨우(?) 한두 대 맞는 것도 그 상처를 극복하기 어렵다. 평소에는 대부분 아내한테 양육을 맡겨놓고 돈만 벌러 다니다, 어느 날 '짠' 하고 나타나서 체벌을 한 경우라면 정말 복구가 어렵다.

진료를 하다 보면, 초등학교 때 아빠로부터 한 대 맞은 이야기를 10년 넘게 서러워하면서 또 하고 또 하는 아이가 한둘이 아니다. 아빠의 체벌 후 아이는 아빠를 적으로 간주한다. 말이나 행동까지 그렇게 하는 것은 아니지만 무의식적으로 아이에게 아빠는 적이다. 그러다 보니 자꾸 아빠를 멀리하려고 한다. 자신이 안전하려면 적으로부터 어느 정도 거리를 두어야 하기 때문이다. 아빠에게 고민은 물론이고 자신의 어떤 것도 노출시키지 않는다. 아들의 경우는 아빠를 닮아가려고 들지 않는다. 아이는 동성의 부모를 보면서 자신과 동일화하여 닮아가야 건강한 사람으로 성장할 수 있는데, 체벌을 당한 아이는 그런 점이 어려워진다.

간혹 아빠들은 본때를 보여준다는 식으로 큰아이를 대표로 체벌하기도 한다. 큰아이가 아들인 경우는 더 심하다. 우리나라는 큰아들을 본보기로 삼아 심리적인 압력을 주는 경향이 있다. 나중에 부모가 없어지면 큰아들이 엄마 아빠 역할을 대신해야 된다는 의미일 것이다. 그런데 이처럼 아이에게 굉장한 책임감을 부여하려면 그만큼 아이의 역할을 존중하고 인정해주어야 한다. 우리나라 아빠들은 큰아이를 존중하지는 않으면서 희생양으로 삼는 경우가 많다. 동생들이 '큰형도 저렇게 아빠를 무서워하는데, 우리들도 아빠 말 잘 들어야겠다'라는 생각을 하게 하려는 의도다. 그런데 동생들은 아빠의 예상과 달리 어떻게 하면 아빠한테 혼나지 않을까만 궁리하고, 형을 무시하는 분열까지 일어난다. 위계를 잡겠다고 한 행동이 오히려 위계를 무너뜨리는 결과를 낳는 것이다. 나는 부모들에게 종종 "지금까지 우리가 알고 있는 훈육 방법 중 90%가 잘못되었다"고 경고한다. 훈육의 방법에는 체벌이란 존재하지 않기 때문이다.

서양은 아이를 한 인간으로서 존중하는 사상이 동양보다 먼저 발달했다. 아이를 부모의 소유물이 아니라 독립된 개체로 인정하는 것이다. 때문에 아이가 가진 안전한 경계선도 함부로 침범하지 않는다. 어른들은 '너도 한 개체로서 이 정도의 안전한 거리를 유지하고 싶을 테니 함부로 들어가지 않겠다'고 생각한다. 아이를 최대한 존중해주는 것이다. 아이를 존중한다는 것은 내 자식이라도 내가 함부로 대하지 않겠다는 의미다. 그래서인지 서양 부모들은 아이를 체벌로 가르치지 않는다. 그런데 우리나라 어른들은 아이에 대한 체벌이 참 쉽다. 내 자식이니까 내가 마음대로 한다는 식이다. 하지만 잊지 말아야 할 것은, 역사적인 배경이 있든 없든 서양 아이나 한국 아이나 느끼는 것은 똑같다는 점이다. 아이는 체벌을, 나를 존중하지 않고 나를 함부로 대하고 나에게 아픔을 주고 나에게 공포감을 주는 것으로 느낀다. 때문에 체벌은 절대로 해선 안 되는 것이다.

나는 말년에 맹인 인도견을 기르는 것이 꿈이다. 그래서 시간이 나면 이따금 관련 자료들을 찾아보곤 한다. 며칠 전에는 맹인 인도견 훈련 매뉴얼을 보게 되었는데, 참 인상 깊은 구절이 있었다. 첫머리에 "절대 때리지 마라"라는 말이 아주 진하게 강조되어 있었다. 개를 훈련시킬 때 뭔가 잘못하면 단호하게 "안 돼!"라고 말해야지, 때려서는 어떤 훈련도 제대로 시킬 수 없다고 한다. 단 한 대도 때려서는 안 된다는 것이다. 하물며 인간이다. 교육이라는 핑계로 아이를 때려서는 절대 안 될 것이다.

배우자를 육아 동지에서 적으로 만드는 말

Stop Daddy!

· 당신이 오냐오냐 싸고도니까 애가 이 지경이야. 내가 이번 기회에 제대로 가르치겠어.

· 말로 안 되면 당연히 때려서라도 가르쳐야지.

· 그때 확실히 잡았어야 했는데, 당신이 말려서 이 모양이잖아!

Stop Mommy!

· 언제부터 그렇게 애한테 신경을 썼어?

· 말로 해. 무슨 자격으로 애를 때려?

· 왜 때려? 내 새끼야!

· 당신 한 번만 더 때려봐. 확 신고해버린다!

이렇게 키우면
자기 밥벌이도 못 해!

open daddy's heart

세상이 얼마나 무서운데, 내 아이는 이렇게 나약한지 몰라. 이런 것도 제대로 못 해서 이다음에 험난한 세상을 어떻게 헤쳐나가려고. 아내도 그렇지, 혼을 낼 거면 제대로 따끔하게 해야지 만날 쫓아다니면서 잔소리나 하니 아이가 말을 듣겠어? 뭔가 가르칠 때는 따끔하게 말해야 아이가 무서운 줄 알지.

잔소리를 안 하면
제대로 하는 게 없어!

open mommy's heart

아이를 생각하면 늘 불안해. 아프면 어쩌지? 나쁜 습관이 들면 어쩌지? 공부를 못하면 어쩌지? 숙제를 안 해가면 어쩌지? 학원을 빼먹으면 어쩌지? 나쁜 친구랑 어울리면 어쩌지? 그러다 보니 잔소리를 안 할 수가 없어. 내가 잔소리를 안 하면 집안은 물론 아이도 엉망진창이 되거든.

아이가 잘못된 행동을 할 때 부모는 올바른 행동을 알려주어야 한다. 아이가 문제 행동을 보일 때는 그것을 교육의 기회로 삼아 스스로 행동을 교정할 수 있게 해주어야 한다. 그것이 훈육이다. 훈육은 부모가 품성이나 도덕을 가르침으로써 아이의 바람직한 인격 형성을 돕는 것을 말한다. 때문에 아이가 올바른 사람됨을 갖추기 위해서는 부모의 훈육이 반드시 필요하다. 훈육은 아이의 생활 곳곳에서 이루어진다. 그런데 이 중요한 훈육이 종종 엄마 아빠가 가진 불안에 의해 왜곡된 형태로 나타나기도 한다. 아이를 잘 키워야겠다는 걱정으로 가득 찬 엄마는 '잔소리'로, 양육에 대한 불안을 숨기려고 대범한 척이나 힘 있는 척 하는 아빠는 '협박'과 '화'로 아이를 훈육하곤 한다.

학교 가는 것을 싫어하는 초등학교 1학년 남자아이가 있었다. 엄마는 아이를 교실 복도까지 데리고 가서 엄청난 실랑이를 벌인 후에야 가까스로 교실로 들여보냈다. 학교는 가기 싫어도 가야 하는 곳, 아이가 가고 싶지 않다고 해도 보내지 않을 수 없는 곳이다. 이런 것을 가르쳐주어야 하는 것도 부모다. 이때 엄마는 "네가 교실에 들어가는 것이 뭔가 불편하다는 것은 엄마가 알겠어. 그래도 학교는 일단 가야 하지 않겠니? 힘들어도 노력해야 하지 않겠니? 엄마가 없는 게 불안하다면, 복도에서 너를 기다리면서 계속 앉아 있을게. 좀 시도해보자"라고 말해주면 된다. 아이가 선뜻 들어가지 않는다면 "시간을 좀 줄 테니 서두르지 않아도 돼"라면서 기다려줘도 좋다. 그런데 이 아이의 엄마는 그렇게 하지 못했다. "들어가, 얼른 들어가라니까. 아 그러니까 엄마가 여기 왔잖아. 너 왜 그래? 옆집에 사는 철수도 학교 가지, 네 동생도 유치원 가지, 너만 안 가면 나중에 커서 어떤 사람이 되려고 그래? 봐라. 선생님들도 다 지나가면서 너만 쳐다보잖아"라고 말했다. 이것이 잔소리다. 많은 엄마들은 보통 이렇게 말한다. 그런데 이런 식으로 잔소리를 하면 결국 핵심을 놓쳐버린다. 아이는 엄마가 지금 자기한테 무슨 말을 하고 싶은지 알아들을 수 없게 된다. 아이를 훈육할 때는 가르치고자 하는 말을 머릿속으로 정리한 후, 딱 그 말만 해야 한다.

엄마가 갖고 나가지 말라고 한 게임기를 아이가 몰래 옷 속에 숨겨서 나가다 들켰다고 하자. 그럴 때 이렇게 말하면 된다. "네가 게임 좋아하는 것 알아. 친구한테 자랑하고 싶은 마음도 이해해. 하지만 거짓말은 안 되는 거야. 내가 게임기를 가지고 나가지 말라고 했던 것은, 네가 오늘 게임을 너무 많이 했고, 가지고 나가면 잃어버리거나 고장이 날 수 있기 때문이야. 엄마와의 약속을 못 지킬 것 같았다면 다시 의논을 했어야지. 이렇게 속이는 행동은 옳지 않아." 이렇게 엄마가 하고 싶은 말을 모두 머릿속에 정리해서 딱 한 번만 해주면 된다. 아무리 좋은 훈계라도 여러 번 하면 잔소리가 될 뿐 더 이상 훈계가 아니다. 그저 '소음'이다.

엄마들은 아이의 모든 것을 보살펴야 하기 때문에 늘 불안하다. 불안을 해결하기 위해 많은 것을 점검하느라 잔소리가 많다. 어떻게 보면 잔소리는 엄마들에게 숙명인지도 모른다. 하지만 내 잔소리가 소음이 되지 않게 하려면 분명히 참아야 한다. 어떻게 참을까? 어떤 상황이든 '내가 뭘 가르치려고 하는 건지'를 생각해서 딱 한 가지만 가르쳐야 한다. 자신이 걱정하는 것을 다 말하면 말도 많아지고 자꾸 반복된다. 한 번에 한 가지만 말하고 나머지는 버려라. 예를 들어 숙제를 안 하려고 하면, "공부는 1등을 안 해도 되는데 숙제는 해야 되지 않겠니? 이것은 공부가 아니라 책임감이야. 그러니 꼭 연습해서 가져가야 돼"라고 얘기하고 숙제만 시키면 된다. 그런데 보통 엄마들은 이 말보다는 "너는 자세가 틀렸어. 봐라, 연필도 하나 없네" 식으로 말한다. 이런 말은 잔소리다. 한 가지를 가르치더라도 자신이 할 말을 기승전결로 요약해 간략하게 얘기하는 것이 좋다. 자신이 잔소리를 많이 하는 사람 같다면, 아이에게 할 말이 생겼을 때 '잠시' 생각하는 시간을 가져라. '어떻게 얘기하면 좋을까?' 생각한 후 정리해서 말하면 말투가 훨씬 부드러워진다. 생각하는 시간을 갖지 않으면 따다다다~ 말이 나간다. 이렇게 되면 에스컬레이터가 올라가듯 감정이 점점 고조되면서 말을 하는 동안 목소리도 커지고 더욱 흥분하게 된다. 그런데 정작 본인은 자신의 변화를 알지 못한다. 아이는 엄마가 흥분해서 따다다다~ 말을 시작하면 '아, 또 시작이네' 하면서 귀를 닫아버린다. 딴생각을 하면서 건성으로 "아, 네" 하고 대답만 한다.

아빠들의 훈계는 '협박'이나 '화'의 형태를 띨 때가 많다. 그리고 예상할 수 없는 시점에서 충동적으로 이루어진다. 아빠들은 지친 몸을 이끌고 퇴근해서 돌아올 때 집 안 분위기가 평화롭고 안정적이기를 바란다. 그런데 현관문을 열자 엄마는 소리 지르고, 아이는 울고 있고, 집 안은 난장판이다. 아빠는 쉬고 싶은 마음에 화가 나고 짜증이 난다. 그래서 닥치는 대로 훈계를 하기 시작한다. "들어가서 공부 안 해? 하루 종일 TV만 봐서 뭐가 되려고 그래? 또 컴퓨터 앞에 앉아 있네. 매일 컴퓨터 붙들고 사냐?" 이런 식이다. 아빠는 아무리 자식이지만 자꾸 문제를 일으켜서 자신이 쉴 수 없는 상황을 만드는 것이 싫다. 아빠들은 아이가 인터넷이나 TV에 빠져 있는 것이 싫다기보다, 아내가 아이에게 그만하라고 잔소리하고 아이는 싫다며 반항하는 상황이 싫다. 그러면 아이의 버릇이고 뭐고를 떠나 눈에 보이는 대로 지적하고 야단친다. 그런데 이런 분위기에서 하는 아빠의 훈계는 아이에게 전혀 교육이 되지 않는다. 아이도 아빠가 자신을 가르치려고 하는 말이 아니라 아빠 자신이 불편해서 하는 말임을 알기 때문이다.

게다가 아빠들의 훈계는 레퍼토리가 늘 정해져 있다. 무언가 훈계하기 시작해 마지막에는 "너 세상이 얼마나 살기 힘든 곳인지 알아? 네가 이렇게하면 제대로 된 대학 나와 밥 벌어먹을 수 있을 줄 알아?" 이런 식이다. 아이가 "아빠, 오늘 제가 짝꿍하고 안 좋은 일이 있었어요"라고 말해도 아이가 느끼는 감정을 대수롭지 않게 여긴다. "겨우 그까짓 거 때문에 고민하냐? 너 삶이 얼마나 험난한데 그런 일에 휘둘려서 기분 나빠해?"라고 말한다. 그다음은 "내가 얼마나 힘든 줄 알아? 일하고 들어왔는데 자식새끼는 공부도 안 하고 말도 안 듣고 마누라는 매일 앵앵대고 있고…. 너 이렇게 공부하다 나중에 변변치 못한 어른 돼서 나한테 손 벌릴 생각 하지도 마." 대부분 아빠들의 훈계는 이렇다. 하지만 이런 식의 훈계는 아이에게 적개심과 분노만 일으킬 뿐이다. 아빠는 자신의 훈계에 "사회에 나오면 힘드니까 네가 열심히 해서 좀 잘 살았으면 좋겠다"는 내용이 담겨 있다고 생각하지만, 아이는 아빠가 자신을 비난하고 우습게 생각하고 무시하고 협박한다고 여긴다. 아빠의 훈계는, 아빠의 의도와 아이가 받아들이는 의미에 큰 차이가 있다. 아이들은 아빠의 훈계를 들을 때마다 자꾸 화가 나고, 심지어 어떤 아이들은 아빠가 아예 자신한테 무관심했으면 좋겠다고까지 말한다.

이렇게 각각의 훈육 방식도 문제지만, 아이를 훈육할 때 엄마 아빠가 갈등하게 되는 단골 상황이 있다. 어느 집이나 경험하게 되는 상황으로, 바로 '컴퓨터·TV·휴대폰 사용 시간 조절에 관한 것'과 '밥상 앞에서의 아빠의 훈계'다. 컴퓨터·TV·휴대폰 사용 시간 조절 문제는 부모와 아이 간의 갈등도 심하지만 부모 사이의 갈등도 심하다. 왜냐하면 대부분의 아빠들도 컴퓨터, TV, 휴대폰을 많이 쓰고 좋아하기 때문이다. 엄마들은 아이에게 시간을 조절하라고 잔소리를 하다가 화살을 아빠한테 돌린다. "당신이 매일 집에서 컴퓨터만 하고 있고 TV만 보고 휴대폰만 들고 사니까 아이도 배워서 저러잖아!" 하는 식이다. 이렇게 갈등이 심할 경우, 나는 TV를 아예 없애라고 조언한다. 그러면 대부분 엄마들은 수긍하는데, 아빠들의 저항이 세다. 엄마들은 아이를 위한 일인데 그것도 못하냐며 화를 낸다. 엄마들의 마음속에는 늘 '아이를 위한 희생'이라는 단어가 있다. 실제로 많은 엄마들은 아무리 좋은 것이라도 아이를 위해서라면 모두 뒷전으로 내려놓는다. 엄청나게 멋을 부리던 여자도 결혼을 하면 아이를 보살피고 관리하느라 평범한 모습으로 변해버린다. 아이 콧물이 옷에 묻어도, 머리를 질끈 묶고도 별로 신경 쓰지 않는다. 하지만 아빠들은 다르다. 결혼을 해도 놓지 않는 것이 많다. 그런 자신을 "나는 사회생활을 하는 사람이잖아"라고 말하며 합리화시킨다. "내가 전쟁터 같은 밖에서 치열하게 일하고 들어와서 좋아하는 프로그램 하나 못 본단 말이야?"라고 항의한다. 그러면서 같이 TV를 보는 아이한테는 "너는 들어가서 공부해"라고 훈계한다. 그러면 엄마들은 "당신이 모범을 보여야지. 당신은 마음대로 하면서 아이한테만 하지 말라고 하면 돼?"라고 말하며 싸운다. 컴퓨터나 휴대폰 문제도 이와 마찬가지 이유로 갈등하게 한다.

아이에게 훈육을 한답시고 식탁 앞에서 엄마 아빠가 싸우는 상황도 흔하다. 아빠들은 아이와 보내는 시간이 상대적으로 적다 보니 뭐든지 현장에서 가르치려 하고, 마주칠 때마다 퍼부으려고 한다. 그리고 그것이 이루어지는 장소는 바로 식탁이 된다. 예를 들어 밥을 먹으면서 아이가 편식을 하는 상황을 발견했다. 아빠들은 바로 훈계에 들어간다. "푹푹 떠 먹어라. 왜 흘리니?" "골고루 먹어. 이것도 먹어봐" "젓가락질 똑바로 못 해?" 등등이다. 심지어 아이가 안 먹는다고 하면 입안에 밀어넣기까지 한다. "너 이거 안 먹으면 여기서 절대 못 일어날 줄 알아!"라고 협박하기도 한다. 그러다 보니 아이는 식탁 앞에서 입에 무언가를 가득 넣은 채 삼키지도 못하고 눈물만 뚝뚝 흘리게 된다. 또 형제들끼리 매일 싸워서 '언제 기회가 되면 혼내줘야지'라고 생각하고 있던 아빠들은 대개 아이들이 식탁에 모여 밥을 먹고 있을 때를 기회로 잡는다. "이놈들, 그렇게 계속 싸우면 어쩌구저쩌구" 하면서 훈계를 늘어놓는다. 이럴 때 엄마들은 "밥 먹을 때는 개도 안 건드린대. 그만 좀 해" 하면서 아빠를 나무라고, 아빠는 "당신이 항상 싸고도니까 애들이 배워야 할 것도 못 배우고 엉망진창이잖아"라고 나온다. 부부 싸움이 시작되는 것이다. 사실 이 상황에서도 보살핌 본능을 가지고 있는 엄마는 눈치를 보면서 밥을 먹는 아이 모습도, 눈물 뚝뚝 흘리면서 밥을 씹는 아이 모습도 너무 안쓰럽다. 한 숟가락이라도 맛있게 더 먹이고 싶은 것이 엄마 심정인데, 아빠는 꼭 아이가 밥을 먹을 때 건드리는 것이다.

부모들이 하는 이러한 훈계에는 정말 중요한 사실이 간과되어 있다. 부모들이 아이를 훈계하는 상황은 대부분 생활 습관이나 예절과 관련된 것들이 많은데, 이것을 가르치는 가장 좋은 방법은 훈계가 아니라 모델링이다. 아이를 혼내는 것이 아니라 부모가 모범적인 행동을 보여주는 것이다. "영희야, 젓가락질은 이렇게 하는 것이 쉬워. 자, 아빠 손가락을 좀 볼래?" 식이 좋다. 편식을 하는 습관을 교정하고 싶다면 부모가 골고루 맛있게 먹는 모습을 보여주는 것이 가장 좋은 방법이다. 형제끼리 싸우는 것을 교정하고 싶다면 부모가 서로 배려하고 이해하는 모습을 보여주면 된다. 아이가 머리를 잘 안 감는다면, 아이와 함께 머리를 감으면서 가르쳐주면 된다. TV 시청을 적당히 하게 하고 싶다면 이 역시 아빠가 적당히 하는 모습을 보여주면 된다. 자신은 예외로 두고 아이만 다그치는 것은 아무런 교육 효과가 없다. 아빠들에게 강력하게 당부하건대, 절대 식탁에서 혼내지 말라. 우리의 원초적인 욕구를 해결하는 식탁에서 느끼는 불쾌한 감정은 다른 공간에서 이루어지는 훈계보다 몇십 배나 더 강하다. 식사 예절마저도 식탁에서 혼내서는 안 된다. 식사 예절은 부모가 그 자리에서 올바른 방법으로 식사하는 모습을 보여주는 것으로 만족해라. 만약 아이에게 문제가 있어서 꼭 말하고 싶다면, 잘 기억해두었다가 타이밍이 좋을 때 아이를 불러서 말해야 한다.

우리는 흔히 훈육은 아이가 잘못을 한 바로 그 순간 해야 한다고 알고 있다. 그런데 그것은 서너 살 아이들이 고집이나 떼를 부릴 때 해당하는 말이다. 아이들은 부모가 보기에 아무리 잘못된 행동이라 할지라도 분명 그 행동을 한 자기의지가 있다. 그것을 존중해야 하기 때문에 그 자리에서 혼내면 안 된다. 그래야 아이가 부모의 훈계를 거부감 없이 받아들여 스스로 문제 행동을 고칠 수 있다. 아이의 잘못된 행동에 즉시 개입해야 하는 상황은 뜨거운 것을 만지려고 하거나 위험한 것에 노출되어 있는 긴급한 순간밖에 없다.

좋은 타이밍이란, 저녁식사를 마치고 과일 한 쪽씩 먹고 있는 그런 때다. 그런 시간은 일부러라도 만들어야 한다. 사춘기가 되면 아이들은 대개 부모와 이야기를 안 하려 든다. 아이가 어릴 때부터 의식적으로 집안 사람들이 모이는 시간을 만들어놓으면 여러모로 좋다. 평일이 어렵다면 주말이라도 식구들이 모두 모여 식사를 하는 시간을 만들고 평소 고쳤으면 하고 생각했던 점을 조심스럽고 진지하게 말한다. 아침에 아이의 행동에 문제가 보였다면, 퇴근 후 아이 방으로 가서 "아빠가 하루 종일 생각해봤는데, 아침에 네가 한 행동은…"이라고 말해야 한다. 그래야 아이의 행동을 변화시키는 교육이 될 수 있다.

아이를 훈육할 때 다음의 여섯 가지는 꼭 기억하자.

첫째, 아이가 너무 몰입하고 있을 때는 그 즉시 혼내지 마라. 대표적인 것이 TV나 인터넷이다. 한참 몰입하고 있는 아이를 방해하면 부모가 하는 말에 짜증이나 화만 낼 뿐이다. 그럴 때 "그만해. 너무 많이 하고 있잖아" 하면 아이는 내내 대답을 안 하다가, "너 빨리 안 꺼?" 하며 부모의 목소리가 커질 때 "아, 알았다고요"라며 신경질적으로 대답한다. 이럴 경우 아이는 바로 그 행동을 중단하지만 그것은 부모의 훈계를 받아들인 것도, 잘못된 행동이 고쳐진 것도 아니다. 그저 잠시 강제로 중단시킨 것뿐이다. 그렇게 되면 말하는 사람이나 듣는 사람 모두 기분이 나빠지고 사이도 멀어진다. TV나 인터넷, 휴대폰 등을 사용할 때 아이가 너무 조절이 안 되는 것 같다면 그것을 사용하고 있는 그 순간 혼내지 말고, 시간을 기억해두었다가 다음 날 아이가 안 하고 있을 때 대화를 시도한다. "너 어제 컴퓨터 얼마나 했는지 아니?" "1시간쯤요?" "엄마가 지켜보니까 3시간 정도 하더라." 이렇게 말하면 자신도 몰랐다는 듯이 "그래요?" 하면서 부모의 얘기를 듣는다. 바로 이때 아이가 한 행동이 얼마나 문제가 있는지, 왜 조절해야 하는지를 조용하지만 단호하게 설명한다. 그러면 대부분의 아이들이 바로 고치지는 못하더라도 부모의 말을 호의적으로 받아들인다. 그리고 행동을 교정하려는 성의를 보인다.

둘째, 분명한 원칙과 잘못된 이유만 설명해라. 훈계의 강도를 높인다고 아이의 인격을 깎아내려서는 안 된다. 아이의 잘못된 행동을 교정할 때는 분명한 원칙을 주고, 아이가 그런 행동을 하면 안 되는 이유만 설명하면 된다. "너 그따위로~" 같은 표현을 쓰면서 감정적으로 혼내서는 안 된다. 그것은 아이의 행동이 아니라 아이 자체를 혼내는 것이다. "너 그따위로 해서 뭐가 되려고 그래?"가 아니라 "네가 그런 행동을 해서는 안 되는 거야" 식으로 말한다. 때문에 부모가 감정적으로 화가 나 있거나 불안정하다면, 그 순간은 아무 훈계도 해서는 안 된다. 훈계를 하려면 부모의 마음이 진정되어 있어야 한다. 만약 훈계 중 화가 난다면 "지금 엄마가 감정이 잘 안 다스려진다. 오늘은 그만하고 다음에 얘기하자"라고 하는 것이 낫다.

셋째, 혼낼 때는 반드시 사무적으로 해라. 젊은 엄마들 중에는, 아이가 하지 말아야 할 행동을 할 때 단호하게 제어를 못 하는 경우가 있다. "우리 예쁜 아들, 그러면 안 되지요"라고 아이에게 사정하듯 말한다. 혼낼 때는 사무적으로 해야 한다. 사무적이라는 것은 감정적으로 지나치게 과잉 반응하지 말라는 뜻이다. 아이가 위험한 곳에 올라갔다면 "얼른 내려와. 위험해"라고 단호하게 말해야 한다. "어머어머, 우리 아들 그런 데 올라가면 안 돼요. 얼른 내려와야 돼요"라고 말하면 안 된다. 간혹 요즘 엄마들 중 아이가 말썽을 부리고 있을 때 지나가던 어르신이 "얘야, 너 그러면 안 돼"라고 혼을 내면, "당신이 뭔데 우리 애 기를 죽이고 그래?"라고 항의하는 부모들이 있다. '기를 죽인다'라는 말에 쓰는 '기'는 건강한 형태의 자신감이다. 잘못된 행동까지 당당하게 하는 것이 기는 아니다. 잘못하면 아이가 기고만장 형태의 기를 가지게 될 수도 있다. 인간이 타인으로부터 가장 존중을 받을 때는, 그 사람이 사회적 질서를 지킬 때다. 사회의 틀 안에서 배려를 받고 싶다면 나도 남을 배려해주어야 한다. 그런 의미에서, 해야 할 것과 하지 말아야 할 것을 부모가 아이에게 분명히 가르쳐주어야 한다. 그래야 아이도 덜 불안해하고 남들에게 존중받는 사람으로 자란다.

넷째, 자기 편하자고 혼내는 것은 아닌지 돌아봐라. 부모들 중에 지나치게 도덕적이고 원칙적이고 남에게 피해주는 것을 극도로 싫어하는 사람들이 있다. 그런 부모는 아이를 너무 엄하게 다루어 힘들게 한다. 조금만 뛰어다녀도 못 하게 하거나 조금만 거친 말을 써도 야단을 친다. 아주 잘못된 훈육 방식은 아니지만, 너무 야단을 많이 치면 아이 마음속에 부모에 대한 분노와 화가 생긴다. 냉정하게 보면 이것은 가정교육이 아니라 부모 마음 편하자고 하는 행동이다. 너무 원칙적인 사람은 자신이 생각한 상황을 벗어나면 불편해한다. 아이는 당연히 뛰어다니는 것을 좋아하고, 일시적으로 또래들이 많이 쓰는 거친 말을 따라 쓰기를 좋아한다. 다른 사람에게 피해를 줄 만큼 지나치면 주의를 주어야 하지만, 그렇지 않을 때는 부모 자신을 뒤돌아봐야 한다. 너무 지나치면 어떠한 훈육도 제대로 된 교육적 힘을 잃는다. 아이가 거친 말을 지나치게 많이 쓴다면, "너희 나이 때는 그런 말을 많이 쓰기는 해. 하지만 가정교육을 잘 받은 사람은 그런 말을 순화해서 써야 돼. 너희들끼리 있을 때는 모르겠지만 공공장소에서는 다른 사람에게 불쾌감을 줄 수도 있어" 정도로만 얘기해준다. 너무 엄하지 않으면서 올바른 지침을 주는 것이다.

다섯째, 너무 단정적인 표현보다는 중립적이고 제안적인 표현을 써라. 예를 들어 "이게 문제다"가 아니라 "이런 것은 문제가 되지 않겠니" 식으로 말해야 한다. 만약 아이가 "저는 괜찮다고 생각하는데요"라고 하면 "괜찮긴 뭐가 괜찮아?"라고 말하지 말고, "너는 괜찮다고 생각하니? 그런데 그건 네가 좀 더 생각을 해봐야 할 것 같아"라고 중립적인 태도로 말하는 것이다.

여섯째, 상황을 일반화해서 표현해라. 예를 들어 형이 동생을 때렸다면, "동생을 때리면 안 돼"가 아니라 "동생을 포함해서 그 누구도 때리면 안 되는 거야" 식으로 부모가 누구의 편을 들어서 혼내는 것이 아니라 사회적으로 해서는 안 되는 행동을 알려주는 식으로 일반화시켜 말한다. 간혹 혼을 내다 보면 "엄마도 그렇잖아"라며 아이가 부모의 잘못을 지적하는 경우가 있다. 이때는 흥분하지 말고, "그래 맞아. 엄마도 잘못했어. 미안하다. 그런데 너는 엄마의 그런 점을 닮지 않았으면 좋겠어. 그래서 이렇게 가르쳐주는 거야"라고 말해준다.

배우자를 육아 동지에서 적으로 만드는 말

Stop Daddy!

· 내가 얼마나 힘든 줄 알아?

· 자식새끼는 공부도 안 하고 말도 안 듣고 마누라는 매일 앵앵대고….

· 당신이 항상 싸고도니까 애들이 배워야 할 것도 못 배우고 엉망진창이잖아.

Stop Mommy!

· 당신이 매일 그러고 사니까 아이도 배워서 저러잖아?

· 아이를 위한 일인데, 그것도 못 참아?

· 당신이 딱 하루만 키워봐. 잔소리 안 하게 생겼나. 누군 잔소리하고 싶어서 하는 줄 알아?

❸ 아이가 아플 때

아이가 아플 수도 있지.
병원에 가봐!

open daddy's heart

아이가 아프면서 크는 거지, 그럴 때마다 웬 호들갑인지. 무슨 큰 병에 걸린 것도 아니고 조금만 이상하다 싶으면 난리니, 어떻게 그때마다 장단을 맞춰주나. 그리고 내가 같이 있다고 해서 상황이 달라지는 것도 아니잖아. 간호는 한 사람만 하면 되는 거 아닌가? 말만 하면 "서운해. 서운해" 하니, 무슨 말도 못 하겠고….

이러다
큰 병 되는 거 아니야?

open mommy's heart

아이가 아픈데 걱정도 안 되나? 왜 회사에 말을 못 해? 상사가 무서워서 말을 못 하는 게 아니라 아예 마음이 없는 거지. 잠깐 왔다 간다고 설마 회사에서 잘리기야 하겠어? 남편은 정말 냉정해. 자기 일밖에 모르는 것 같아. 그나저나 혹시 큰 병이면 어쩌지? 빨리 안 나으면 어쩌지? 내가 뭘 잘못했기에 아이가 아픈 걸까?

236

민정이가 열이 40℃ 가까이 오르자 민정 엄마는 회사에 있는 민정 아빠에게 전화를 했다. "여보, 어쩌지? 민정이가 열이 많이 나." 민정 엄마는 민정 아빠가 회사에서 조퇴하고 병원에 같이 가줄 줄 알았다. 그런데 민정 아빠는 "그러면 빨리 병원에 가"라고 시큰둥하게 대답하는 것이었다. 이럴 때 엄마들은, 아빠가 "정말?" 하면서 놀라고 걱정하기를 기대한다. 그런데 아빠들은 자기가 의사도 아니고 옆에 있다고 열이 내릴 것도 아니니 병원 가라는 말밖에 안 한다. 그러면 엄마들은 "어떻게 그렇게 냉정하게 말해?"라며 화를 낸다. 아빠들은 황당해하며 "그러면 내가 병원에 가라고 하지, 집에서 얼음찜질이나 하고 있으라고 하냐?" 하며 억울해한다. 엄마들은 아빠들도 자신과 똑같이 걱정하면서 얼른 달려와 그 자리에 동참해주기를 원한다. 그래서 회사에 있는 아빠들이 "지금 바쁘니까 못 가"라고 하는 말에 상처받는다. 밤에 응급실을 가야 하는 상황에서, 아빠들이 빨리 안 일어나는 것에도 엄마들은 상처를 받는다. 특히 외벌이인 경우, 엄마들은 아이가 아플 때 남편이 자신만큼 걱정하지 않으면 아이뿐 아니라 자신까지도 사랑하지 않는다고 느낀다. 엄마는 아이와 자신이 한 몸이라고 느끼기 때문이다.

아빠들은 "아이가 아프면서 크는 거지, 왜 그렇게 호들갑이야"라고 말하지만, 엄마들은 그 어느 때보다 불안하다. 엄마는 기본적으로 아이가 성인이 될 때까지 보살펴야 된다는 것이 유전자에 프로그래밍되어 있는 사람들이다. 아이가 아프다는 것은 자신의 역할에 빨간 경고등이 켜진 상태이다. 그래서 그 어느 순간보다 예민해진다. 일하는 엄마들도 마찬가지다. 아이가 아프다고 하면 윗사람한테 양해를 구하고 집으로 달려온다. 하지만 아빠들은 아이 일로 회사를 조퇴하는 것을 굉장히 창피하게 생각한다. 엄마들은 어떤 상황에서라도 양해를 구하고 달려오는 반면, 아빠들은 그저 "회사에 있는데 어떻게 가?"라고 말할 뿐이다. 엄마들은 아이를 아프지 않게 보살피는 것이 본인의 역할이라고 느끼는 반면, 아빠들은 그렇게 느끼기 않기 때문인지도 모른다.

옛날에는 엄마들도 아빠들의 이런 생각을 당연하게 여겼다. 그런데 요즘은 아이의 양육이 엄마 아빠 두 사람의 몫으로 인식되면서, 아이가 아플 때와 같은 긴급 상황에서 아빠가 엄마와 동일한 강도로 걱정하지 않으면 손가락질받는 세상이 되었다. 사실 아빠들이 이런 역할을 부여받은 것은 길어야 고작 100년이지만, 엄마들이 아이를 보살피는 역할은 인류가 생겼을 적부터 있었으니, 아빠들이 이 역할에 익숙하지 않을 수밖에 없다. 엄마들은 노력하지 않아도 웬만큼 보살핌의 역할을 잘해내지만, 아빠들은 노력하지 않으면 잘해낼 수 없다. 물론 엄마들처럼 그 즉시 회사일을 접고 달려가라는 말은 아니다. 그저 "내가 의사도 아니고 직접 간다고 뭐가 달라져? 한 사람만 있으면 됐지, 내가 꼭 가야 돼?"라고 말하지 말고, 엄마의 심정을 헤아리는 말이라도 해주는 최소한의 성의를 보이라는 것이다. 엄마들의 마음은 아빠가 달려오면 좋겠지만 반드시 그렇게 해야 한다고 생각하는 것은 아니다. 단지 위기 상황일 때 느끼는 아픔과 어려움을 아빠와 함께 공유하고 싶은 마음이 더 크다. "어쩌지? 민정이 열나는 것 말고 다른 이상 증상은 없어? 열이 너무 많이 나서 걱정이네. 내가 병원에 전화해서 좀 물어볼까?" 하는 식으로 같이 걱정해주기를 원하는 것이다.

아빠들에게 개인적으로 부탁하고 싶은 것은, 아이가 아픈 것을 무조건 제1순위로 다뤄달라는 것이다. 아이가 영유아기일 때는 특히 그렇다. 자주 걸리는 감기를 제외하고는 아이가 아프다고 하면 큰일이 아니더라도 웬만하면 같이 병원에 갔으면 좋겠다. 그것이 부모의 역할이다. 아이가 아프다고 상사에게 말하면 대개 이해해준다. 아빠들이 지레짐작으로 상사가 싫어할 것이라고 생각해 말을 안 할 뿐이다. 회사에 말을 못 하는 남편을 보면, 아내 입장에서는 아이의 일을 중요하게 생각하지 않는다고 여길 수밖에 없다. 아이가 아플 때 달려와서 옆을 지키고 걱정도 해야 아이를 함께 키운다는 공감대도 형성된다. 잠깐 와서 보고 가더라도 "여보, 미안한데 상황이 급해서 회사에 가봐야 하니까 갈 때는 택시 좀 타고 가"라고만 해도 남편의 노력하는 모습에 아내는 고마움을 느낀다.

엄마들은 아이를 뱃속에 품고 있으면서 아이가 건강하지 않으면 모두 자기 책임이라고 생각하여 임신 기간 동안 굉장히 몸을 조심한다. 하지만 아빠들은 아내의 뱃속에 아이가 생겨도 기본적으로 자유로운 상태다. 아이가 건강하게 태어나기를 바라지만 자기 몸 안에서 아이를 품고 있는 사람과는 그 깊이가 다르다. 아이가 자랄수록 조금씩 옅어지기는 하지만, 엄마들은 아이를 건강하게 지켜야 하는 것은 내 몫이고, 아프면 내가 잘 보살피지 못해 그런 것이라는 죄책감을 느낀다. 아이가 아플 때, 그 아픔을 마치 자신이 느끼는 듯 괴로워하는 것은 엄마의 본능이다. 때문에 아빠들은 엄마의 호들갑과 불안을 이해해주어야 한다.

단, 아이가 아플 때 엄마가 느끼는 불안은 충분히 이해되지만 그 불안한 모습을 아이 앞에서 보이는 것은 안 된다. 아이가 아픈 것을 숨길 수도 있고, 자신의 상태를 실제보다 더 심각한 것으로 오해할 수도 있다. 예를 들어, 변비로 병원을 찾은 아이가 관장을 하게 될 때 항문으로 뭔가 들어오는 것을 느끼며 굉장히 공포스러워한다. 이럴 때 엄마가 편안한 표정으로 대하면 아이는 '그렇게 걱정할 만한 상황은 아니구나'라고 생각한다. 반면 엄마가 아이보다 더 불안한 표정을 지으면, 아이는 본능적으로 '뭔가 굉장히 공포스러운 상황이구나'라고 생각해 엄마의 불안을 학습한다. 이렇게 엄마가 지나치게 불안한 모습을 보여주면, 아이는 아픈 것에 굉장히 예민한 사람으로 자란다. 살면서 열나고 기침 나는 감기는 얼마든지 겪을 수 있는 일인데, 그때마다 아이는 지나치게 예민해지고 불안해할 수 있다. 또 살아가면서 어려움이나 갈등이 생길 때마다 그것이 신체 증상으로 나타나는 경우도 많아진다. 어릴 적 자신이 아플 때 엄마가 보여준 불안이, '아픈 것 = 위기 = 스트레스 = 고비'로 각인되었기 때문이다. 이런 사람은 살면서 조금만 위기가 생겨도 몸이 아프다. 자신은 몸이 약하다고 생각하는데, 정작 병원에서 진찰을 받아보면 멀쩡하다는 소견을 받곤 한다.

내게 진료를 받는 고등학교 1학년 남자아이는 올 때마다 여기저기가 아프다고 했다. 그런데 병원을 가서 진단을 받아도 딱히 나쁜 곳은 없었다. 이 아이는 자신이 신체적으로 약하고 아프다는 것을 방어기제로 사용하는 아이였다. 삶의 고비가 생길 때마다 이 카드를 내밀어 자신을 방어하는 것이다. 아이가 이런 방어기제를 갖게 된 이유는 부모의 양육 태도와 관련이 깊었는데, 앞서 말한 대로 지나치게 걱정하는 부모의 양육 태도가 낳은 결과였다.

아이가 아플 때 걱정하는 것은 부모로서 당연하지만, 그 정도가 심할 때는 부모 스스로가 뒤돌아보아야 한다. 지나치게 불안할 때는 자신의 어떤 문제와 관련이 있을 가능성이 크다. 걱정이 많은 사람은 그 관심이 대부분 건강에 쏠려있다. 건강하지 않은 것은 곧 '죽음'을 의미하기 때문이다. 누구에게나 죽음은 굉장한 공포다. 하지만 매번 조금만 아파도 죽음까지 생각할 정도로 불안해하면서 양육하면 곤란하다. 그것은 아이에 대한 사랑이 아니라 단지 부모의 병이므로 적절한 치료를 받는 것이 필요하다. 그런데 반대로 아이가 아플 때 너무 아무렇지도 않게 이겨내기를 바라는 부모도 있다. 이런 경우는 아이가 기본적으로 자신의 몸을 너무 돌보지 않는 사람으로 자랄 수 있다. 몸이 아프면 아프다고 부모한테 말하는 것이 당연한데, 그런 이야기를 잘 못 할 수도 있다.

마지막으로 약에 대한 이야기를 좀 하겠다. 약과 관련해서는 엄마보다 아빠의 불안이 더 크다. 진료를 하다 보면 약에 대한 지나친 거부감을 보이는 아빠를 많이 만난다. 아빠들은 뭔가 자기 안으로 들어오는 것을 침입으로 인식해 불안해하고, 약에 의존하면 자신이 왠지 약한 사람 같다는 생각을 한다. 그래서 아빠들은 아파도 약을 잘 먹지 않으려 하고(그래도 이겨낼 수 있다고 생각하나 대부분 초동 대처가 늦어 호되게 고생하곤 한다), 아이한테 약을 먹이는 것도 싫어한다. 아빠가 이런 생각을 가지고 있으면 아픈 아이를 돌볼 때 여러 가지 문제가 생겨난다. 어린아이는 기침이 오래가면 모세기관지염도 많이 생기고, 감기에 걸리면 어른과는 달라 폐렴을 동반하는 경우도 많다. 또 열이 났다 하면 고열로 오르기도 한다. 이럴 때는 약을 잘 챙겨 먹여야 큰 병이 생기지 않는다.

아이들은 대부분 약을 싫어한다. 불안한 아이의 경우 알약을 잘 못 삼키기도 한다. 약을 먹으면 그것이 꼭 기도에 걸릴 것 같아 불안한데, 이것은 인간의 본능적인 두려움 때문이다. 제법 큰 아이들도 이런 경우가 있는데, 나는 이럴 때 인체해부도의 식도와 기도를 보여주면서 약은 식도로 넘어가기 때문에 절대 질식할 염려가 없다고 말해준다. 여하튼 아이들은 약에 대한 묘한 공포가 있다. 때문에 약을 먹일 때는 최대한 실랑이하는 시간을 줄여야 한다. "약 먹을래? 언제 먹을래?"라고 물어보는 것은 아이가 두려움에 떠는 시간만 늘릴 뿐 도움이 되지 않는다. 그보다 "약은 꼭 먹어야 하는 거야. 너무 걱정 마"라고 안심시킨 후 빨리 먹이는 것이 낫다. 그런데 이때 아빠가 등장해서 "그거 먹이지 마. 뭐 몸에 좋은 거라고"라고 말하면 아이는 굉장히 혼란스러워한다. 그렇지 않아도 먹기 싫은데 더 먹기 싫어진다. 아이가 치료를 받고 있는 경우, 아빠가 보이는 약에 대한 거부감은 아이의 치료 경과에 좋지 않은 영향을 줄 수도 있다. 약은 건강 결과에도 영향을 주지만, 약을 먹이는 과정 또한 하나의 훈육이기도 하다. '아플 때는 약을 먹어야 한다'는 것은 아이가 어렸을 때 꼭 가르쳐주어야 하는 가정교육이다. 이때 엄마 아빠의 의견이 다르면 아이에게 혼란을 주어 제대로 된 훈련을 하는 것이 어려워진다.

배우자를 육아 동지에서 적으로 만드는 말

Stop Daddy!

· 내가 의사야? 어쩌라고?

· 왜 사사건건 시비야? 억지 좀 쓰지 마!

· 내가 간다고 뭐가 달라져?

· 괜찮아. 그 정도는 혼자 이겨내도 돼!

Stop Mommy!

· 어떻게 그렇게 냉정하게 말해?

· 당신은 애 걱정도 안 되지?

· 당신처럼 냉정한 사람은 처음 봤어!

· 회사가 중요해, 애가 중요해?

❹ 나쁜 먹을거리

다른 애들도 다 먹는데
그냥 먹여!

open daddy's heart

좋은 것만 먹이고 싶은 아내 마음은 알지만 좀 어지간히 했으면 좋겠다. 나쁜 것은 알지만 남들도 다 먹잖아. 그렇게 철저하게 관리하면 본인도 너무 힘들고, 나도 아이도 스트레스 받거든. 적당히 타협 좀 하면안 될까?

안 돼! 그건 먹이면
안 된다니까!

open mommy's heart

패스트푸드나 가공식품은 절대 안 돼. 몸에 나쁜 첨가물이 얼마나 많이들어 있는데 그걸 먹이겠어. 그건 엄마 된 의무를 저버리는 것이라고.그거 먹이면 아토피 피부염도 생기고 소아비만도 될 수 있고 ADHD에걸릴 수도 있다잖아.

부모들 중에는 몸에 좋지 않은 음식을 절대 안 먹이는 사람들이 있다. 과자, 사탕, 아이스크림, 초콜릿 등이 몸에 안 좋은 건 사실이다. 그리고 특정 음식에 대한 알레르기가 있거나, 먹으면 안 되는 의학적으로 명백한 이유가 있을 때는 절대 먹여서는 안 된다. 그런데 그렇지 않은 경우에도 '절대 못 먹게 하는 것'은 불안으로 인한 과잉 통제다. 아이의 건강이 나빠질 것 같아서 먹을거리만큼은 철저히 통제하겠다는 것은 어떻게 보면 강박적이고 과잉 통제의 측면이 많다. 근원은 엄마 자신의 불안이다. 어릴 때 식습관은 중요하지만 너무 철저하게 관리하는 것은 문제다. 주변 아이들이 다 먹는 음식이라면 내 아이도 먹고 싶은 마음이 강하다. 그런데 엄마가 그것을 엄격하게 먹지 못하게 하면 아이는 결핍을 느낀다. 가장 바람직한 것은, 조금은 경험하게 해주면서 "이게 몸에는 안 좋거든. 가능하면 먹지 말자"라고 말하는 것이다. 아이들이 단체로 모여 있을 때 사탕을 나눠주는 경우도 있고, 친구 생일 파티에 가면 치킨이나 피자를 먹을 기회도 있다. 그런 상황에서조차 먹지 못하게 하면 내 아이는 왕따가 될 수도 있다. 또한 먹고 싶은 욕구를 못 참고 혹시나 먹었을 때 자신이 나쁜 행동을 했다는 죄책감을 느끼기도 한다. 엄마에게 혼날까 봐 안 먹었다고 거짓말을 할 때 아이의 마음이 불편해진다.

'나는 아이에게 패스트푸드나 가공식품을 먹이는 것이 너무너무 싫다. 나는 아이가 나쁜 것을 먹고 건강을 해칠까 봐 너무너무 불안하다.' 이것은 엄마 내면의 문제로, 아이가 아닌 결국 엄마의 문제다. '절대로, 결단코'라는 말이 붙는 것은 자신이 해결하지 못한 문제일 가능성이 크다. 자신이 해결하지 못한 어떤 갈등 요소나 자신을 불편하게 하는 것이 그대로 표현되지 않고 모습을 바꿔 극대화되어 표현된다. 예를 들어 어릴 때 자신이 부모에게 제대로 보살핌을 못 받고 자란 사람이 있다고 하자. 그녀가 엄마가 되었을 때, 그녀 안에는 '아이를 잘 돌보지 못하면 어쩌지?' 하는 불안과 두려움이 그 모습을 바꿔서 아이에게 먹이는 음식 문제로 집약이 되고, 매우 극대화되어서 '절대로, 단 한 숟가락도 안 돼!'로 표현된다. 엄마는 자신이 최선을 다해 아이를 보살피고 있다고 생각하지만, 먹을거리 문제로 아이와 갈등을 겪으면서 오히려 더 중요한 아이의 정서적인 측면을 놓치는 어리석음을 범할 수 있다.

자신의 문제인 것을 알았을 때 가장 바람직한 대처 방법은 유연한 사고로 문제를 바라보는 것이다. 예를 들어, 아이가 친구네 집에 생일 초대를 받았다면 "너 가서 절대로 몸에 나쁜 것은 먹으면 안 돼"가 아니라 "오늘은 가서 마음껏 먹고 와"라고 말해주어야 한다. 뭐든 '절대 안 돼'라는 생각이 먼저 떠오른다면 엄마든 아빠든 '나한테 좀 문제가 있나?'라고 되짚어봐야 한다. 좋은 먹을거리로 아이를 건강하게 키우겠다는 마음은 좋은 엄마라는 모습으로 포장되어 있을지라도 실은 나의 불안이다. 내 불안으로 인해 문제가 너무 확대되어 보이는 것이다. 그것으로 피해를 입고 불편해지는 것은 내 아이와 배우자다.

몸에 좋지 않은 것은 적게 먹이는 것이 옳고, 안 먹일 수 있으면 좋겠지만, 그렇게 되지 않는 것이 현실이다. 아이는 부모가 먹지 말라고 하면 할수록 더욱 원하게 된다. 욕구란 누르면 누를수록 튀어나온다. 일반적인 환경에서 접하는 것들은 과하지 않으면 문제가 되지 않으니 아이 자신이 판단할 기회를 줘라. 아이가 직접 접해보고, 경험의 과정에서 생겨나는 다양한 생각과 감정을 통합할 수 있는 기회를 주는 것이 좋다. 그 기준과 잣대를 아이가 경험하기 전에 미리 강요해서는 안 된다. 단, '입에는 좋지만 몸에는 나쁘다'라는 분명한 원칙은 미리 설명해준다. "너 이것 많이 먹은 날은 다음 날 배를 좀 아파하더라. 그러니 다음에는 안 먹는 것이 좋겠지?" 정도로 아이에게 일어난 일에 대해서도 설명해줄 필요는 있다. 기준은 제시해주되, 아이 스스로 판단할 수 있는 기회를 주라는 것이다.

만약 아이가 엄마 혹은 아빠가 먹지 말라고 하는 것을 모두 안 먹고 자랐다고 가정해보자. 과연 그 아이는 건강하고 튼튼하게 잘 자랐을까? 또래보다 뚱뚱한 아이들은 어린 시절부터 부모로부터 먹을거리에 대한 제한을 많이 받는다. 아이의 비만 정도가 당뇨 같은 소아성인병을 유발할 위험이 있다면 당연히 의사의 지시에 따라 철저하게 식이 조절을 해야 한다. 하지만 그런 정도는 아닌데 아이가 뚱뚱해질까 봐 못 먹게 하는 경우도 많다. 사실 체중을 빼기 위해 음식을 조절하는 것은 어른에게도 힘든 일이다. 이렇게 먹을 것을 제한하면, 살은 좀 뺄 수는 있지만 그보다 잃는 것이 훨씬 많다. 나는 비만한 아이들에게는 운동량을 늘리라고 조언한다. 엄마들에게는 실컷 먹게 해서 포만감을 경험하게 해주되, 칼로리 높은 것은 식단에서 조금씩 빼라고 말한다.

음식을 철저하게 통제했을 때 아이들이 느끼는 결핍과 부모에게 느끼는 분노는 이루 말할 수 없다. 보통 부모들은 아이를 못 먹게 할 때 좋은 말로 하지 않는다. "그만 먹어, 저 배 좀 봐, 이 뚱뚱보야, 또 먹어? 저렇게 뚱뚱하면 친구들이 놀아주겠니" 식으로 비난하듯 말한다. 이런 방식은 아이로 하여금 부모에 대한 적대감과 자신에 대한 왜곡된 신체자아상을 갖게 한다. 당연히 부모와의 관계도 나빠진다. 또 키에 몰두해 있는 부모들도 있다. 자꾸 작다는 것을 강조하고 "너는 키가 더 커야 돼" 하면서 아이 성장에 관한 모든 면을 키에만 맞추면 아이는 자신에 대한 자아상을 나쁘게 인식한다. 설사 부모가 원하는 대로 키가 크더라도 아이는 자존감이 굉장히 낮은 사람이 된다. 아이의 가치를 평가하는 척도에는 여러 가지가 있다. 키나 몸무게는 그중 일부에 지나지 않는다. 그런데 그것을 극대화하면 더 중요한 아이의 자존감, 부모와의 좋은 관계 등을 잃을 수도 있다.

'아이가 이렇게 자랐으면 좋겠다'라는 것은 아이를 그만큼 완벽하게 잘 뒷바라지하겠다는 부모의 사랑이 아니라 부모의 욕심이고 요구이다. 부모가 불안해서 아이를 자기 통제하에 두고 자신이 원하는 아이로 만들어가는 것이다. 그래야 아이가 건강할 것 같고, 사람들에게도 인정받을 것 같고, 사회생활도 잘할 것 같다고 말하지만, 이렇게 만들어진 아이는 '아이 자신'이 아니라 부모의 불안이 만들어놓은 꼭두각시 인형일 뿐이다.

배우자를 육아 동지에서 적으로 만드는 말

Stop Daddy!

· 그냥 대충 먹고 살아. 유난 떨기는.

· 난 그거 다 먹었는데도 건강만 하거든.

· 또 억지 부린다. 왜 나한테까지 그래?

Stop Mommy!

· 아이가 독약이라도 달라고 하면 줄 거야?

· 내가 날 위해서 이래? 애 위해서 이러지.

· 시끄러워. 알지도 못하면서 웬 참견이야?

당신, 엄마 맞아?
애가 이게 뭐야?

open daddy's heart

집에서 애 먹는 것도 제대로 관리 못 해주고, 도대체 뭐 하는 거야? 저 살을 언제 다 빼! 키는 또 왜 이렇게 작아! 나 원, 창피해서. 아이 먹을거리 하나 제대로 못 챙겨서 저 지경을 만들다니. 내가 밖에 나가서 힘들게 돈 벌면서 이런 문제로 스트레스까지 받아야 돼?

적당히 먹이지도 못하고
난 엄마도 아니야.

open mommy's heart

남들은 척척 잘하는 것 같은데 난 왜 이렇게 아이를 잘 못 키우는 걸까? 공부는 둘째치고 먹이는 것도 제대로 못하니, 엄마 자격이 있긴 한 걸까? 우리 애를 보고 남들이 어떻게 생각할까? 얼마나 나를 한심하게 볼까?

누가 보아도 뚱뚱해 보이는 은호. 오랜만에 식탁에 '삼겹살'이 올라왔다. 정신 없이 먹기 시작하는 은호를 보며 은호 아빠가 한마디 한다. "얘 좀 봐! 고기만 먹잖아. 그러니까 살이 찌고 배가 나오지. 운동 좀 시켜." 은호의 젓가락 움직임이 순간 느려졌다. 은호 아빠가 "너 내일 학교 가면 친구들이 돼지라고 하겠다. 놀아주지도 않을 거야. 누가 돼지랑 놀겠어"라고 하자 듣다 못한 은호 엄마가 말한다. "그만 좀 해. 은호도 많이 조심하고 있어. 왜 먹는 애를 서럽게 해? 은호야, 오늘은 실컷 먹어." 은호 아빠는 은호가 먹고 있는 삼겹살 접시를 뺏으며 말한다. "당신, 엄마 맞아? 당신 지금 아이를 학대하는 거야. 왜 매일 생각 없이 이렇게 먹이는데?" "그렇게 걱정되면 당신이 데리고 나가서 운동 좀 시켜. 노는 날 리모컨만 끼고 살지 말고."

아빠들은 아이가 뚱뚱하면 그 책임을 아내에게 돌린다. '도대체 집에서 뭐 하기에 아이 하나 건사하지 못하고 이렇게 만드냐'고 생각한다. 아빠들은 먹는 것과 관련된 모든 책임을 엄마한테 묻는 경향이 있다. '아이가 마르고 뚱뚱하고 작은 것은 모두 아내 탓이다.' 아빠들이 그렇게 생각하지 않아도 많은 엄마들은 먹는 것으로 인해 일어나는 아이의 모든 문제를 자기 책임이라고 생각하는 경향이 강하다. 아이가 작거나 뚱뚱하면 자기가 아이를 잘못 키웠다고 생각한다. 주변 사람이 "얘는 키가 왜 이렇게 작아요? 왜 이렇게 뚱뚱해요? 왜 이렇게 말랐어요?"라고 말하면 엄마는 극도로 예민해진다. 자신이 아이의 건강을 해치고 있을지도 모른다는 죄책감을 자극하기 때문이다. 다른 사람이 내 아이를 바라보기만 해도 자신한테 뭐라고 하는 것 같아 마음이 불편해진다.

한편으로는 꾸역꾸역 먹어대는 아이도 밉다. 엄마가 어떻게 해도 아이가 말을 안 듣기 때문이다. 엄마는 엄마로서의 죄책감과 아이에 대한 미움이 합쳐져 아이가 먹는 것을 지나치게 통제하려고 든다. "먹어라, 먹지 마라, 이건 먹어라, 그만 먹어라"하면서 아이와 하루 종일 실랑이를 벌이고 모든 관심은 24시간 내내 '먹는 것'에만 몰두해 있다. 소아비만이 건강에 미치는 영향도 알려주고 운동도 함께 해보고 칼로리를 줄일 수 있는 연구도 해야 하는데, 현실적인 대책은 모두 사라지고 하루 종일 "먹지 마, 안 돼, 아까 많이 먹었잖아, 저 배 좀 봐…"라며 아이와 싸우기만 한다.

엄마는 먹는 것 말고도 아이와 학교에서 있었던 일에 대한 이야기도 하고, 재미있는 동화책도 읽어주고, 놀이를 함께 하면서 아이의 마음도 읽어보고, 엄마가 생각하는 여러 가지 가치관도 전해줘야 하는데, 아침에 눈을 떠서 저녁에 잠이 들 때까지 아이에게 음식을 먹이고 관리하는 데 시간을 다 보낸다. 엄마들은 '공부는 둘째치고 아이한테 먹이는 것조차 제대로 못 하고 있구나. 나는 엄마 노릇을 제대로 못 하는 것 같아. 나는 엄마도 아니야'라고 생각한다. 사람들의 시선도 부담스럽고 피하고 싶다. 자기는 손 하나 까딱 안 하면서 매일 비난하고 지적만 하는 남편도 너무 미워진다. 아이가 먹는 것에 대해 죄책감이 생기기 시작하면 엄마들은 정말 괴로워진다. 공부야 잠시 잊었다가 성적이 나올 때만 괴롭지만, 키가 작고 뚱뚱하고 마른 아이의 모습은 하루 종일 엄마 눈앞에 어른거리며 엄마의 죄책감을 자극하기 때문이다. 예상했겠지만, 지나친 책임감도 불안이다. 엄마는 그 불안을 해결하지 않으면 아이를 건강하게 키울 수 없다.

요즘에는 너무 뚱뚱해서 혹은 너무 말라서 진료실을 찾는 아이들도 있다. 진료실에 들어서자마자 아이의 엄마는 나를 보며 "선생님, 애 좀 보세요. 너무 뚱뚱하죠?(혹은 너무 말랐죠?)"라고 말한다. 물론 엄마는 너무 걱정이 돼서 하는 말이겠지만, 엄마가 그런 말을 할 때 아이는 마치 죄인 같은 모습으로 앉아 있다. 고개를 숙이고 땅을 쳐다보거나 눈을 마주치지 못하고 멀리 창밖을 보고 있다. 이 아이들이 나를 찾은 이유는 체중을 늘리거나 줄이기 위해서가 아니다. 대부분 '사회 공포증'이라는 불안장애를 치료하기 위해서다. 우울하고, 자신이 없고, 다른 사람과 눈을 못 마주치고, 지나치게 부끄러워하고, 사람들 앞에서 자기 자신을 비하한다. 왜 이렇게 되었을까? 살이 찌거나 지나치게 마른 것, 혹은 키가 작은 것이 죄인가? 절대 아니다.

아이들은 자라면서 자신의 자아상을 만들어간다. 자아상에는 자신이 생각하는 신체 이미지가 굉장히 중요하다. 너무 뚱뚱하거나 마르거나 작은 아이들은 어린 시절 끊임없이 '넌 너무 작아. 너무 말랐어. 너무 뚱뚱해' 등 자신의 신체 이미지를 평가받는다. 아이는 당연히 왜곡된 자아상, 부정적인 신체 이미지를 갖게 된다. 긍정적인 신체 이미지를 가지려면 부모가 아이를 귀하게 여겨서 아이도 스스로를 귀하게 여기도록 해야 한다. 그런데 그 아이들은 그런 말을 들어본 적이 없고, 자신을 다른 사람보다 못났다고 생각한다. 그래서 남들 앞에 나서는 것이 겁나고 무엇을 하든 자신감이 생기지 않는다. '저 사람이 나를 어떻게 볼까, 저 사람은 나를 보고 어쩌면 저렇게 뚱뚱할까, 정말 못생겼어, 라고 생각할 거야' 하는 생각으로 위축되어 자신의 능력을 제대로 펼치지 못한다.

키가 작은 아이를 성인이 될 때까지 달달 볶는다면, 정해진 키보다 2~3cm는 더 자랄 수는 있다. 하지만 그 시간 동안 엄마가 만들어준 부정적인 자아상은 평생 간다. 내게 2~3cm 더 큰 키와 건강한 자아상 중 무엇을 고르겠는지 묻는다면 당연히 건강한 자아상을 택할 것이다. 좀 작으면 어떤가, 키높이 구두도 있는데. 그 몇 센티미터에 내 아이의 평생 행복을 망치고 싶은가? 살을 찌우거나 빼거나 키를 키우는 것에 집착하지 말고, 그럴 시간에 아이가 있는 그대로의 자기 모습을 긍정적으로 생각하고 자신 있게 살아가게 하는 방법을 연구하라고 말하고 싶다. 아이가 자신의 모습을 긍정적으로 바라보게 되면 오히려 살이 빠지고 키가 크고 통통해질 수 있다. 왜냐하면 아이가 자기 자신을 귀하게 여겨 스스로 노력하기 때문이다. 자존감이 높은 사람은 뭐든 어려운 위기가 닥쳐도 열심히 극복해낸다. 하지만 자존감이 없는 사람은 자신을 위해 노력하지 않는다. 자존감이 있는 사람, 자기 자신을 제대로 이해한 사람일수록 변화를 두려워하지 않는다.

간혹 아이의 체형이나 키가 부부간에 묘한 갈등을 낳기도 한다. 사실 아이의 체형이나 키는 아무리 노력해도 부모가 준 유전자에서 많이 달라지지 않는다. 예를 들어 키가 작은 남자와 키가 큰 여자가 결혼을 했는데, 아이가 작은 편이라고 하자. 엄마는 아이의 키가 작은 것이 싫어서 모든 수단과 방법을 동원해서 키키우는 데 열중한다. 그런 아내를 바라보는 남편의 마음은 그리 편하지 않다. 마치 아내가 자신을 평가절하한 것 같고, 열등하게 생각하는 것처럼 느껴진다. 결국 남편은 자신도 모르게 아내에 대한 미움을 키울 수 있다. 아내가 하는 매사가 마음에 안 들고, 아내가 자신을 무시한다고 생각하여 자주 화를 낼 수도 있다.

나는 요즘 부모들이 체형이나 키에 집착하는 이유가 매스컴의 영향 때문이라고 생각한다. 매스컴에서는 각종 홍보를 목적으로 극단적인 사례를 들어가며,

지금 당장 아이의 살을 빼지 않으면, 살을 찌우지 않으면, 키를 키우지 않으면 큰일 날 것처럼 떠들어댄다. 매스컴을 통해 쏟아지는 수많은 정보는 우리의 말초신경을 자극하도록 대부분 과대 포장되어 있다. 모두 틀린 말은 아니지만, 그렇다고 내 아이에게 적용해도 되는 백 퍼센트 옳은 말도 아니다. 전문가의 검증이 필요한 정보도 너무나 많다. 그런데 그 검증되지도 않은 정보를 "어떻다고 하더라" 하면서 아이에게 적용하려고 든다. 또한 그 정보를 깊게 이해하여 버릴 것은 버리고 취할 것은 취해서 내 것으로 만드는 과정도 거치지 않고 아이에게 툭 던져 상처를 준다. 인터넷에서 떠도는 소아비만에 대한 정보를 본 아빠가 뚱뚱한 아이한테 "너 이러면 일찍 죽는대"라고 말한다. 물론 뚱뚱하면 소아비만에 걸릴 수 있고, 소아비만은 성인비만이 될 위험이 높으며, 성인비만이 되면 각종 성인병이 올 수 있어 오래 못 살 수도 있다. 아빠는 그 정보의 앞뒤를 자르고 "뚱뚱하면 죽는대"라고 아이한테 협박하듯 말해버린 것이다.

정보가 유용해지려면 그 정보를 바탕으로 나의 문제를 해결할 수 있는 현실 가능한 방법을 찾을 수 있어야 한다. 소아비만에 대한 정보 역시 '이럴 수도 있구나. 아이의 식습관을 조금씩 변화시켜야겠다'라고 이해해야 한다. 그리고 살을 뺄 수 있는 실천 가능한 방법을 찾아야 한다. 예를 들어 아이에게 "우리 연말까지 2킬로그램만 줄이는 노력을 해볼까?"라고 말하고 한 달에 빼야 할 목표 체중을 정한다. 1킬로그램도 좋고 500그램도 좋다. 목표는 아이가 하고 싶은 동기가 생기도록 낮게 정하는 것이 좋다. 그리고 한 달에 한 번 정해진 날 체중을 재보고 목표를 달성했는지 체크한다. 성공했다면 아이를 격려해주고, 실패했다면 '뭐가 문제였을까?'라며 원인을 분석해본다. 그러면 대부분의 아이들이 자기 나름대로 원인을 분석하여 답을 내놓는다.

우리는 흔히 아이의 부족하고 불편한 점에 대해 강하게 얘기해줘야 한다고 생각한다. 아이에게 제대로 각인시켜야 정신을 차리고 태도를 바꿀 것이라고 여긴다. 그런데 그렇지가 않다. 특히 성격, 외모, 공부, 이 세 가지는 절대 부족한 점에 대해 강하게 얘기해서는 안 된다. 왜냐하면 아이가 노력을 해도 단번에 바꿀 수 없는 요소들이기 때문이다. 부모가 강하게 지적할수록 아이는 자신에 대한 부정적인 자아상을 갖게 되고, 패배감을 맛보고, 자신의 있는 그대로를 인정하지 않는 부모에 대한 불신이 생긴다.

배우자를 육아 동지에서 적으로 만드는 말

Stop Daddy!

· 얘 좀 이렇게 먹이지 마.

· 애 운동도 안 시키고 집에서 뭐 해? 사육해?

· 애나 엄마나.

· 당신 엄마 맞아?

Stop Mommy!

· 누가 먹인다고 그래? 자기가 먹는 거지.

· 당신이 술자리 좀 줄이고 운동 좀 시켜봐. 나만 부모야?

· 지 아빠 닮아서 내 말은 도통 들어먹질 않는데 나보고 어쩌라고?

안 먹으면 주지 마.
우리 때는 없어서 못 먹었어!

open daddy's heart

얘는 누구 닮아서 편식이 저렇게 심해! 꽉꽉 좀 먹지. 애가 나중에 커서 회사에 갔을 때 "이것도 못 먹어요. 저것도 못 먹어요" 하고 앉아 있으면 사람들이 얼마나 덜떨어지게 볼까? 내가 따끔하게 혼내서라도 저 버릇은 꼭 고쳐줘야지.

어떻게 안 먹여?
안 먹으면 키도 안 큰단 말이야.

open mommy's heart

성장기 영양이 얼마나 중요한데, 우리 애는 왜 이렇게 싫어하는 것이 많을까? 편식하면 키도 잘 안 크고 두뇌 발달에도 안 좋다는데…. 좋은 것은 고사하고 골고루 먹이지도 못하니 남들이 뭐라고 생각할까?

아이의 편식 문제에 있어서는 엄마와 아빠 모두 예민하다. 그런데 그 예민한 이유가 서로 다르다. 엄마는 아이가 부족한 영양소 없이 음식을 골고루 먹고 건강하게 자랐으면 하는 마음이 강하다. 편식에 예민하기보다 5대 영양소를 골고루 먹여야겠다는 명제가 항상 머릿속에 있다. 아이를 먹이고 입히고 아프지 않게 키우는 것이 엄마의 역할인데, 아이가 편식을 하면 그 역할을 제대로 못 한 것 같아 죄책감을 느끼고 건강하게 못 크면 어쩌나 걱정한다. 아빠들에게도 이런 마음이 있지만, 이보다는 아이가 자라서 사회생활을 할 때 문제가 될까 봐 걱정하는 마음이 더 크다. 편식을 하는 사람은 남들이 보기에 까다롭고 까칠해 보여 윗사람이나 아랫사람을 불편하게 만든다고 생각한다. 또한 회사 구내식당이나 군대 사병식당에서 찍힐까 봐도 걱정한다. 즉, 편식이 사회생활의 결격사유가 될 수 있다고 여기는 것이다. 아빠들은 아이가 편식 때문에 손가락질을 받으면 그것이 곧 자기 얼굴에 흠집을 내는 것과 같다는 생각도 가지고 있다.

부모들은 아이의 성장 상태나 편식, 치아 관리, 정리 정돈, 키, 몸무게 같은 생활 습관 문제는 아이가 아니라 엄마 자신이 평가받는다고 생각한다. 이런 것들은 어린 시절 부모가 반드시 제대로 관리해주어야 하는 의무라고 생각하기 때문이다. 충치가 생기지 않게 치아 관리를 해주고, 성장이 끝나기 전 키가 잘 자랄 수 있는 환경을 만들어주고, 음식을 골고루 먹도록 해 편식 습관을 잡아주려고 한다. 이런 것들을 제대로 못 해 아이가 편식을 하고, 충치가 많고, 정리 정돈을 잘 못 하고, 키가 작다면, 부모 역할을 제대로 못 했다고 생각해 아이들에게 강하게 훈육하는 경우가 많다. 물론 그런 습관은 부모가 잘 가르쳐야 하는 것이 맞다. 아이가 싫어한다고 내버려둬서는 안 되는 사안들이긴 하지만, 아이마다 습득하는 속도가 다르고 그것을 받아들이는 의미가 다르다. 꼭 가르쳐야 하는 것도 아이가 어떻게 받아들이는지를 살피고 조심스럽게 가르쳐야 한다. 너무 강하게 몰아붙이면 오히려 아이가 그 습관을 습득하는 데 방해가 될 수도 있다.

나의 아버지는 30대 후반 젊은 나이에 틀니를 하셨다. 그래서 자식들의 치아 관리에 대해서는 거의 노이로제 수준이었다. 나는 어렸을 때 한 번도 이가 흔들려서 치과에 가본 적이 없었다. 미리 엑스레이를 찍어보고 이가 흔들리기 전에 뽑았다. 그 탓에 이가 아주 고른 편이다. 그리 잘 사는 편이 아니었음에도 아버지는 치과 치료에는 돈을 아끼지 않으셨다. 초등학교 가기 전부터 6개월마다 치과 검진을 받았고, 필요한 조치를 취해주셨다. 그렇게 아버지가 치아 관리를 중요하게 생각하시다 보니 단 한 번만 양치를 빼먹어도 집안이 난리가 났다.

추운 겨울날이었다. 초등학교를 가기 전인지 아닌지 기억나지 않지만 그날따라 피곤해 일찍 잠이 들었다. 늦게 들어오신 아버지는 내가 이를 닦지 않고 잠이 든 것을 아시고는 흔들어 깨워서 이을 닦으라고 하셨다. 그때는 다들 못살던 시절이라 집 안에 욕실이 없었으므로 꽁꽁 얼어 있는 마당 수돗가에 나가서 이를 닦아야 했다. 나는 엉엉 울면서 이를 닦았다. 그런데 신기한 것은 그 추억이 "우리 아버지가 이를 닦으라고 나를 참 괴롭혔었지"라는 기억으로 남지 않았다. 보통 이런 추억은 아버지와 자식 간의 유대 관계를 방해하는 안 좋은 기억이 된다. 하지만 나에게 그 기억이 나쁘게 남지 않은 것은 아버지께서 평소 왜 이를 잘 닦아야 하는지를 진솔하게 말씀해주셨기 때문이다. "이는 평생 가지고 살아야 하는 거야. 이가 건강하지 않으면 많은 고생을 할 수 있어. 아빠는 어렸을 적 치아 관리를 못해 틀니를 해서 생활하는 데 많이 불편하단다. 나는 네가 이런 불편을 겪지 않았으면 좋겠어. 좀 귀찮더라도 이를 잘 관리하도록 노력해주렴."

마찬가지로 아이의 편식 습관을 교정해줄 때도 왜 그렇게 해야 하는지 그 이유를 차근차근 설명해주어야 한다. 그런데 그 설명이 교과서적이어서는 효과가 별로 없다. 그보다는 부모가 편식 습관을 고쳐주고 싶은 솔직한 이유, 편식을 하면 어떤 것이 안 좋은지 등을 말해주는 것이 좋다. "아빠가 왜 이렇게 이 음식을 먹어보라고 하냐면, 네가 나중에 회사에 있는 구내식당에 가서 밥을 먹게 되었을 때 네 마음에 드는 반찬이 나오지 않을 수도 있거든. 그때는 네가 반찬을 골라 먹을 수가 없어. 그러니까 힘들더라고 지금 연습을 좀 해놔야 해." 이 정도로만 해야 한다. 이보다 과한 반응은 아빠 자신의 불안으로 일어나는 과잉 개입, 과잉 통제다. 사실 어른이 돼서도 아빠가 걱정하는 것처럼 편식을 하는 사람은 거의 없다. 혹 그때까지 편식하는 음식이 있더라도 정서적으로 안정된 사람은 분위기를 봐서 참고 먹는다. 자기가 못 먹는 음식이 나왔다고 지금처럼 안 먹는다고 하지 않는다. 또 아무리 참아도 먹을 수 없는 한두 가지의 음식은 사회생활을 하는 데 그렇게 문제가 되지 않는다. 누구나 한두 가지는 싫어하는 음식이 있다. 게다가 요즘은 먹을 수 있는 음식 종류도 다양하기 때문에 편식을 해도 큰 문제가 안 된다. 아이가 편식하는 것이 너무너무 싫다면 그것은 아빠 자신의 불안이 높기 때문이다. 아빠가 해결해야 할 본인의 문제이다.

부모의 불안으로 아이에게 골고루 먹을 것을 지나치게 강요하면, 아이는 그 분위기가 싫고 무서워서 음식에 대한 거부감이 더 커진다. 사람은 누구나 입으로 들어오는 것에 경계심이 높다. 생명을 위협할 수 있기 때문이다. 아이가 먹지 않겠다는 의사를 표명한 것은, 자기 안에 그 음식에 대한 불안이 있어서다. 거절하는 아이에게 "먹어!"라고 하면서 음식을 억지로 아이 입에 쑤셔넣으면, 아이는 굉장한 역겨움과 공포를 느낀다. 이런 경험을 한 아이가 다음번에 그 음식을 즐겁고 맛있게 먹을 수 있을까? 그 음식을 과연 먹을 만한 음식으로 기억할까? 아이가 그 음식을 거부했던 것은 음식의 맛, 냄새, 식감 중에 뭔가 싫은 것이 있었기 때문이다. 그런데 그 이유에 부모가 억지로 먹였던 공포스러운 기억까지 추가된다. 그러면 아이는 더 이상 그 음식을 먹을 수 없다. 아이가 편식한다고 억지로 먹이는 것은 편식을 교정하는 데 하나도 도움이 되지 않는다.

　심리학 용어 중에 '네오포비아(Neophobia)'라는 말이 있다. 낯설거나 새로운 것에 대해 느끼는 공포를 말하는데, 보통 생후 6~7개월 무렵부터 나타난다. 이즈음 나타나는 낯가림도 네오포비아의 일환이다. 네오포비아가 음식에 나타나는 것을 '음식 네오포비아(Food Neophobia)'라고 말하고 '낯선 음식, 새로운 음식에 대한 공포증'이라는 의미로 쓰인다. 아이들이 보이는 편식 습관은 '음식 네오포비아'로, 어쩌면 당연한 현상이다. 아이에 따라 덜하기도, 더할 수도 있지만 발달 단계상 자신의 안전을 지키기 위해 프로그래밍된 반응이라는 것이다. 보통 음식 네오포비아는 생후 6개월부터 새로운 음식들을 집중적으로 접하게 되는 만 2~7세까지 심하게 나타나다가, 음식에 대한 친밀도가 늘어나는 청소년기 초기가 되면 서서히 줄어든다. 어릴 때 가지고 있던 편식 습관이 성인이 되어서도 같은 강도의 편식으로 이어지지 않는 것은 이런 이유 때문이기도 하다.

　음식 네오포비아는 아이들의 미뢰 발달과도 관련이 있다. 우리 혀에는 맛을 느끼게 하는 돌기인 '미뢰'라는 것이 분포되어 있는데, 아이는 성인에 비해 이 미뢰가 세 배나 많아 맛을 더 민감하게 느낀다. 아이들의 미뢰 수가 성인의 그것과 비슷해지는 것은 8세 이후로, 그전까지는 성인보다 단맛은 더 달게, 쓴맛은 더 쓰게 느낀다. 문제는 아이들의 편식 단골 메뉴인 채소류의 기본 맛이 바로 쓴

맛이라는 데 있다. 아이들의 입에는 채소로 만든 김치나 나물이 무척 쓰게 느껴지기 때문에 먹기 힘들어한다. 엄마 아빠 입에는 쌉싸래해서 맛있다고 느끼는 음식도 아이 입에 넣어주면 너무 쓰다고 혀를 내두르면서 구역질을 하는 것도 이런 이유에서다. 그럼 왜 아이들은 쓴맛을 싫어할까? 이것은 진화론적인 측면에서 살펴볼 수 있다. 원시인류는 살기 위해서 자신에게 득이 되는 먹을거리와 해가 되는 먹을거리를 본능적으로 구분했다. 그런데 대부분 단맛을 가진 것은 먹으면 힘이 나고 기분도 좋아졌지만, 쓴맛을 가진 것은 열에 하나는 독초였다. 원시인류의 머릿속에는 '쓴맛 = 독'으로 남았던 것이다. 그 기록이 아이들의 유전자 속에 그대로 남아 있다. 그래서 부모가 입에 넣어준 채소를 아이가 못 먹을 것처럼 뱉어내는 것이다. 채소를 먹은 아이는 너무 써서 정말 죽을 것 같으니, 얼마나 공포스럽겠는가.

요즘 아이들은 김치를 잘 안 먹지만 크면 거의 다 먹게 된다. 라면을 먹을 때 가장 맛있는 반찬은 김치다. 아이가 친구들과 어울려 라면을 즐기는 나이가 되면 김치는 저절로 맛있게 먹게 된다. 옛날에는 김치 이외에 다른 반찬이 없어서 김치에 빨리 적응할 수밖에 없었지만, 지금은 그때보다 다양한 음식이 있어서 조금 늦게 먹게 될 수 있다. 아이 입에 김치 맛은 입이 화끈거릴 만큼 매우면서 쓰기까지 하다. 아이가 김치를 거부한다면 아이의 발달이 아직 이 맛을 받아들일 준비가 안 된 단계인 것이니 이해해주어야 한다. 그리고 엄마들은 5대 영양소에 너무 집착하지 말았으면 한다. 그것도 자신 안에 있는 불안이다. 영양소 한두 가지 빠진다고 엄마가 걱정하는 것처럼 극단적인 영양 결핍은 발생하지 않는다. 음식이 가지고 있는 대표적인 영양소는 대충 밝혀졌지만, 아직 누구도 한 가지 음식 안에 있는 모든 영양소를 밝혀내진 못했기 때문이다.

음식을 먹는 것은 인간에게 가장 행복한 일이고 음식을 먹는 시간은 가족간에 서로 정을 나눌 수 있는 시간이다. 아이와 눈 한 번 마주치치 않으면서 자꾸 "이것도 먹어" "저건 다 먹었어?" "어서 삼켜! 꿀떡!" 하는 시간에, 아이와 보낼 수 있는 행복한 시간이 손가락 사이로 다 빠져나간다.

배우자를 육아 동지에서 적으로 만드는 말

Stop Daddy!

· 그렇게 쩔쩔매면서 먹이니까 애가 그 모양이지. 안 먹으면 주지 마.

· 그렇게 잘 알면서 이렇게밖에 못 해?

· 애 밥도 못 먹이는 게 무슨 엄마냐?

Stop Mommy!

· 무슨 말을 그 따위로 해?

· 당신이 어디 하루만 먹여봐. 한번 해본 적도 없으면서 이래라저래라 하기는.

· 무식한 소리 좀 하지 마.

너무 과잉 보호하는 것
아니야?

open daddy's heart

애를 너무 오냐오냐 키우는 것 아니야? 어른들 심부름도 하고 그러는 거지. 세상이 얼마나 험난한데, 독립적으로 할 수 있는 것은 혼자 하게 해야지. 아내는 너무 불안해만 한단 말이야. 우리가 평생 끼고 살 수도 없는데… 앞으로 어떻게 자랄지 걱정이야.

혼자 다니다
무슨 일이라도 당하면
어떡해?

open mommy's heart

길도 알고 집도 어딘지 다 아는 나이지만, 요즘 어떤 세상인데 혼자 다니다가 유괴를 당하거나 성폭행이라도 당하면 어떡해? 아이의 안전을 걱정하는 것은 부모로서 기본인데, 남편은 도와주지는 못할망정 심하다고만 하니 정말 섭섭해.

아이의 안전과 관련해 부모들이 부딪히는 문제는 심부름, 등·하교, 아직 어린데 휴대폰을 주는 것 등이다. 엄마들은 이런 얘기가 나오면 '우리 아이가 유괴, 납치, 성폭행을 당하면 어떡하지?' 하며 아이의 안전과 위험을 떠올리는 반면, 아빠들은 "너무 오냐오냐 키우는 거 아니야?"라며 아이의 버릇을 걱정한다. 엄마들은 아빠들이 아이의 안전에 대해 너무 걱정을 안 한다고 생각하고, 아빠들은 엄마들이 아이를 과잉 보호해서 아이가 이 험한 세상을 잘 헤쳐나갈 수 있을까 염려한다. 부부가 같은 사안을 두고 전혀 다른 관점을 보이는 것이다. 마치 두 사람이 같은 커피를 마시면서 한 사람은 향에 대해 이야기하고, 다른 사람은 가격에 대해 이야기하는 모양새다. 두 사람의 말은 모두 맞지만, 아무리 대화를 계속해도 두 사람 모두 만족할 만한 접점은 절대 찾을 수 없을 것이다. 대화를 나누면 나눌수록 상대가 자신의 말을 이해하지 못한다는 생각에 화만 날 뿐이다. 이런 갈등이 생기면 엄마 아빠 모두 불안해진다. 아빠는 엄마의 과잉보호로 인해 아이가 험난한 세상에서 적응하지 못할까 봐 불안하고, 엄마는 아이의 안전에 개의치 않는 아빠를 보면서 내가 저 사람 믿고 어떻게 살까 불안해진다.

그렇다면 아이는 어떻게 느낄까? 아이는 엄마 아빠가 보이는 두 가지 측면을 보면서 부모의 마음을 오해한다. 우선 엄마가 아빠를 보는 시각처럼 '아빠는 나를 보호할 생각이 없어'라며 서운해한다. 아이의 눈에 비친 아빠는 자신을 보호해주지 않는 나쁜 사람이다. 한편, 아빠가 엄마를 보는 시각처럼 '저 잔소리쟁이 엄마는 나를 꼼짝도 못 하게 하고 자유도 안 줘'라며 답답해한다. 두 사람 모두 아이를 사랑하기 때문에 하는 생각임에도 불구하고 아이는 두 사람 모두를 자신을 괴롭히는 존재라고 생각한다. 따라서 부모의 이런 갈등은 서로의 관계는 물론 아이와의 관계에도 전혀 도움이 되지 않는다.

엄마 아빠는 두 사람이 도저히 합의를 이루지 못하는 문제에 봉착했을 때, 각자 다른 측면을 바라보고 있는 것은 아닌지 생각해봐야 한다. 서로의 시각이 다름을 인정하고, 우선순위를 따지면서 싸우려 하지 말고 모두의 의견을 충족시킬 수 있는 방법을 찾는 것이다. 상대방의 시각에서 그 문제를 바라봤을 때 어떤 생각이 드는지 곰곰이 생각해보길 바란다. 대부분 상대의 말도 옳다는 생각이 들 것이다. 그렇다면 두 사람이 바라보는 두 가지 측면을 모두 가르칠 수 있다. 늦은 시간, 시어머니가 아이한테 집 앞 슈퍼마켓으로 심부름을 시켰다고 가정하자. 이런 경우 엄마들은 안전이 걱정돼서 말리고 싶고, 아빠들은 웃어른을 잘 돕는 아이로 키우려는 마음에 심부름을 시키고 싶다. 이런 경우 아빠와 아이와 함께 나가면 된다. "지금은 깜깜하고 늦어서 혼자 나가는 건 위험해. 아빠랑 같이 나가되, 심부름은 네가 하렴" 하고 아이한테 말한다.

부모가 서로 시각이 다르다고 해도 '아이의 안전 문제'는 실제로 일어날 수 있는 경우의 수를 생각하여 아이에게 알려야 한다. 부모가 할 수 있는 최선을 다하되, 아이도 스스로 자신의 안전을 지키는 방법을 알 필요가 있다. 아내에게 아이를 과잉보호한다고 잔소리만 하지 말고, 아이를 데리고 나가서 "이런 곳은 위험하니까 되도록 다니지 말고, 저 길로 다녀. 밖에서 화장실이 급할 때는 상가 화장실보다 문방구, 동네 마트 등 엄마도 잘 알고 있는 곳에 가서 부탁하렴" 하고 말해준다. 또 "누가 너를 잡아가려고 하면 소리를 지르거나 발로 차서 주변에 도움을 구해야 해" 하는 것도 가르쳐야 한다. "혼자 다니면 큰일 난다!"라고 아이한테 무조건 겁을 주지 말고 구체적인 해결 방법을 알려주어야 한다.

유아가 어린이집이나 유치원에 다닐 때는 부모가 반드시 데려오고 데려가야 한다. 통학 버스를 이용하는 경우라면 부모가 직접 아이를 태우고 마중해야 한다. 초등학교 저학년은 등하교 때 부모가 함께 다니는 것이 좋고, 고학년이 되면 혼자 다니게 하되, 위기 대처 방법을 일러주어야 한다. 하지만 밖이 어둑어둑해지는 시간에는 초등학교 고학년이라도 혼자 내보내지 말아야 한다. 만약 누가 납치하려고 하면 고학년은 몸집이 크기 때문에 길바닥에 벌러덩 누워버리는 것이 유리하다. 이 시기 아이들은 팔보다 다리 힘이 세기 때문에 다리로 상대편의 가슴이나 성기 같은 급소 부위를 뻥뻥 차야 한다. 그러면서 주위에 도움을 청하는 소리를 질러 누군가 나타날 때까지 버텨야 한다. 예전에는 체육 시간에 기초 체력을 단련했지만 요즘에는 체육 시간이 줄어 아이들의 체력이 많이 부실하다. 기초체력은 위기 상황에 정말 필요하다. 따라서 아이의 안전을 위해 부모가 시간을 내서 함께 운동하는 시간을 많이 갖는 것이 필요하다.

배우자를 육아 동지에서 적으로 만드는 말

Stop Daddy!

· 이렇게 키워서 뭐가 되겠어?

· 혼자 좀 하라고 해. 언제까지 그렇게 졸졸 따라다닐 거야?

Stop Mommy!

· 애 잘못되면 당신이 책임질 거야?

· 당신은 아이 걱정이 하나도 안 돼?

8 안전사고

괜찮아,
설마 무슨 일이야 있겠어?

open daddy's heart

다들 보낸다는데 아내는 왜 저러지? 그렇게 위험하면 다른 부모들도 안 보내겠지. 학교에서도 괜찮다고 하잖아. 아이가 밖에 나가서 잠도 자보고 불편한 거나 위험한 것도 이겨내야지. 만날 저렇게 과잉보호만 하면 어떡해!

혹시 우리 아이한테 일어나면?
난 절대 안 보내!

open mommy's heart

우리 아이가 그런 곳에 혼자 가서도 잘할 수 있을까? 불안해서 보내고 싶지 않은데, 혼자만 안 가서 친구들에게 따돌림이라도 당하면 어쩌지? 단체 사진에 자기만 빠져 있으면 아이가 너무 속상해하지 않을까?

세월호 참사가 나고 그해 겨울에 있었던 일이다. 진료를 받던 아이가 요즘 자기는 친구들 사이에서 '산사태'라고 불린다고 했다. 이유를 물으니, 학교에서 강원도 어느 곳으로 수련회를 가기로 했는데 자신만 못 갔단다. 당시 그 지역은 폭설이 예상돼 산사태 위험이 있다며 통행을 금지하라는 기상 특보가 내려진 곳이었다. 아이 부모는 학교에 전화를 걸어 이렇게 위험한 상황에서 행사를 계속 진행할 것인지 문의를 했었다. 학교에서는 무척 난감해하며 이미 예약이 끝난 상태라 취소하기가 어렵고, 특별히 더 안전에 만전을 기하겠다며 걱정하지 말라고 부모에게 당부했다. 하지만 부모는 그 말을 듣고도 안심할 수 없었으므로 결국 아이를 수련회에 보내지 않기로 결정했다. 수련회는 예정대로 진행되었고, 다행히 우려했던 산사태는 없어서 수련회를 갔던 친구들은 모두 무사히 돌아왔다. 친구들은 별일도 없었는데 산사태 때문에 안 갔다며, 그 아이를 잠시 '산사태'라고 부른 것이다. 부모가 아이에게 수련회에 보내지 않는 이유를 잘 설명해 주었기 때문인지, 아이는 친구들의 놀림에도 그다지 스트레스를 받지는 않았다. 자기에게도 그동안 재미있는 일화가 있었다는 식으로 가볍게 이야기했다.

이런 상황이라면 나는 어떻게 했을까? 나도 그 부모와 같은 결정을 내렸을 것이다. 그리고 다행히 아무 일이 없었더라도 보내지 않은 것을 후회하지 않았을 것이다. 안전에 있어서 '설마'라는 것은 없다. "거봐, 괜찮잖아. 괜히 유난이야!"라고 말할 수 없는 것이다. 나라에서 호우, 태풍, 산사태, 폭우, 폭설 등으로 안전 경보를 내렸을 때는 가지 않는 것이 맞다. 기상 정보는 그래도 우리가 접할 수 있는 가장 과학적인 데이터로, 그것을 가지고 판단해야 한다. 또한 다른 사람들이 어떻게 보든 누가 뭐라고 하든(아무리 학교라고 해도) 부모가 객관적으로 봤을 때 지금 상황이 너무 위험하다고 판단되면, 나는 아이를 보내지 않는 것이 맞다고 생각한다. 솔직히 학교와 학부모는 아이들 안전 문제에서만큼은 대치하면 안 된다고 본다. 그 자체만으로 아이들은 혼란스럽기 때문이다. 인간은 기본적으로 자연에 경외심을 좀 가져야 한다. 두려워하라는 것이 아니라 결코 만만하게 봐서는 안 된다는 것이다. 천재지변은 인간이 어찌해도 막을 수가 없다.

보통 수학여행이나 수련회 등 아이를 멀리 보내야 할 경우, 아빠들은 웬만하면 "학교에서 괜찮다고 하잖아" 하면서 보내라고 하고, 엄마들은 작은 불안 요소만 있어도 보내고 싶어 하지 않는다. 이럴 때 엄마와 아빠가 아이에게 주는 지침은 같은 방향이어야 한다. 지침의 기준은 언제나 아이의 안전이 최우선이어야 한다. 다른 가치는 일단 안전 아래에 둔다. 두 사람의 의견이 다르면 아이는 부모를 오해하고 불안이 가중될 수 있다. 아빠는 "가도 돼. 걱정 마. 사내 녀석이 뭐 그런 것 가지고 겁내. 까짓것, 산사태 나면 뛰어나와. 그런 것도 견딜 줄 알아야 돼" 하고, 엄마는 "안 돼. 절대 안 돼. 산사태 나면 죽을 수도 있어" 하면 아이는 혼란스럽다. 아빠 말을 듣자니 수련회에 가지 않는 자신이 굉장히 못난 것 같고, 엄마 말을 듣자니 어쩌다 가게 되더라도 2박 3일 동안 죽음의 공포에만 떨다 올 것 같다.

엄마들은 불안하다. 물가에 가면 물에 빠질까, 산에 가면 길을 잃거나 발을 헛디딜까, 선생님이 아이를 잘 돌봐주실까, 우리 아이가 가서 잘할 수 있을까, 혹시 눈이 너무 많이 오는 것은 아닐까, 운전기사가 안전 운전을 할까, 숙소는 믿을만한 곳일까, 보내지 않았다가 친구들에게 따돌림당하면 어쩔까, 단체 사진 속에 우리 아이만 빠져 있으면 나중에 상처받지 않을까… 이런 생각에 빠진 엄마들은 아이가 3박 4일 수련회에 가 있는 동안 초죽음 상태가 되기도 한다. 어떤 엄마는 아예 아이가 수련회에 갈 때마다 그 근처에 숙소를 잡기도 한단다. 먼발치에서라도 봐야 마음이 놓이기 때문이다. 이런 엄마의 걱정은 당연히 지나친 것이다. 보통 학년마다 정해진 현장학습이나 수련회는 그 연령의 발달에 필요한 교육의 한 과정이다. 과학적인 데이터를 근거로 안심할 만한 상황이면 보내는 것이 맞다. 그런 상황에서조차 불안해서 미칠 것 같다면, 그것은 엄마 본인의 문제다. 본인의 문제로 아이의 발달을 그르치면 안 된다. 하지만 무조건 보내라는 아빠도 문제다. 부모라면 아이의 안전과 관련된 문제는 당연히 꼼꼼히 따져봐야 한다. 객관적으로 살피지도 않고 무조건 강하게 키우겠다며 보내는 것도 옳지 않다. 적당한 불안이 있어야 조심할 수 있고, 그래야 더 안전할 수 있다. 아무런 불안도 없는 아빠는 용감한 것이 아니라 대책이 없는 것이다. 대책 없이 덤비면 매우 위험한 상황이 될 수 있다.

아이들은 기상 상태가 안 좋거나, 조금 위험한 상황이라도 대부분 가고 싶어 한다. 세월호 참사가 일어난 해에도 의외로 많은 아이들이 갑자기 수련회에 못 가게 된 것을 억울해했다. 이유는 단순하다. 놀고 싶기 때문이다. 만약 수련회에 가서 발표회 같은 것을 하기로 했다면, 자신만 빠져야 하는 상황을 더 받아들이지 못한다. 안전 문제로 현장학습이나 수련회에 보내지 않게 되었을 때는, 아이에게 그 상황을 정말 잘 설명해주어야 한다. "이 지역은 기상청에서 그곳 주민들도 다 대피하라고 하는 위험한 곳이야. 이미 산사태 경보와 호우경보도 내려져 있어. 그래서 보낼 수 없는 거야. 선생님이라도 너희가 자는 동안 생기는 사고에 대처할 수는 없어. 불안해서 너를 과잉보호하는 것이 아니야. 지금은 누구든 가지 않는 것이 맞는 거야"라고 되도록 자세히 말해주어야 한다. 반대의 경우도 있다. 한참 떨어진 지역으로부터 사고나 천재지변 소식이 들려도 겁을 먹고는 안 간다고 버티는 아이들이 있다. 부모가 꼼꼼히 따져봤을 때 안전한 상황이고 그 정도의 경험은 필요하다고 판단되는데도 아이 스스로가 안 가겠다고 우기기도 한다. 이런 아이들에게도 상황을 잘 설명해서 가도록 해야 한다.

어릴 때부터 안전을 위해 조심해야 될 것과 지나치게 두려워하지 않고 극복해야 할 것을 구별시키는 것은 매우 중요하다. 하지만 이것을 구별하기는 참 어렵다. 잘못하면 안전을 위해 다 차단하거나, 극복시키겠다며 위험한 상황임에도 하게 하는 일이 벌어질 수 있다. 그 나이 대부분의 아이들이 시도하는 것은 경험하게 하는 것이 맞다. 아이가 두려워하면 단계를 여러 번으로 나눠 조금이라도 안심할 수 있는 상황을 만든 뒤 결국은 극복할 수 있도록 도와줘야 한다. 그네를 무서워해서 못 탄다면 발이 땅에 닿는 낮은 그네부터 시도를 해서 천천히 단계를 높여나가는 식이다. 그러나 놀이동산에 갔을 때 나이와 키 제한이 있다면 꼭 지켜야 한다. 아이가 아무리 탈 자신이 있다고 해도, 너무너무 타고 싶어 해도, 그 지침은 꼭 지켜야 한다고 가르쳐야 한다.

지난 몇 년 동안 우리 사회에는 국가의 안전이 흔들리고 국민 전체를 불안에 떨게 하는 무서운 사고들이 유난히 많았다. 세월호 참사, 가습기 살균제 사건, 온갖 전염병 사태…. 아직까지도 그 아픔이 언제 끝날지 모르는 사고들이다. 그런데 이 엄청난 사고들의 시작은 우리 사회에 만연한 '안전 불감증'이었다. 이제라도 사회 전체가 안전에 대해 뼈저리게 되새기고 다시 기본부터 하나하나 바로잡아야 한다고 생각한다. 빨리빨리보다는 안전, 조금 귀찮고 불편하더라도 안전, 효율성이 좀 떨어지더라도 안전, 비용 절감보다는 안전이 최우선의 가치가 되어야 한다.

우리 부모들이 평소 예절 교육을 중요시하듯 안전 교육도 중요시했으면 한다. 부모가 할 수 있는 안전 교육의 첫 번째는 매뉴얼을 준수하는 태도다. 안전 교육은 예절과 마찬가지로 평소 부모가 매뉴얼을 잘 지키는 모습을 보여주는 것이 가장 효과가 좋다. 가전제품을 사면 매뉴얼부터 꼼꼼하게 읽고 안전하게 사용하는 모습, 횡단보도의 신호등을 잘 지키는 모습, 교통법규를 잘 지키는 모습, 차에 탔을 때는 안전벨트부터 하는 모습 등이 모두 안전 교육이다. 또한 산이나 바다, 수영장, 놀이동산, 박물관 등 어디를 가든지 붙어 있는 '기대지 마시오, 손대지 마시오, 들어가지 마시오, 뛰지 마시오, 수영하지 마시오, 올라서지 마시오' 등과 같은 안전 규칙도 가볍게 넘기지 않고 지키는 모습을 보여준다. "위험할까 봐 써놓은 건데, 아빠가 보니까 괜찮아. 아빠가 잡고 있으니까 잠깐은 올라서도 돼" 식이어서는 안 된다. 안전 규칙을 지키는 것은 절대 약해서도, 용기가 없어서도 아니다. 또 그것을 어기는 것이 강하고 용감한 것은 절대 아니다. 이런 것을 어렸을 때부터 가르쳐야 한다.

두 번째는 안전 훈련을 중요시하는 것이다. 각종 안전 체험관을 찾아 지진 체험, 화재 체험, 태풍 체험, 해상안전 체험 등의 재난 체험을 아이와 함께 꼭 받아본다. 아이들은 학교에서 몇 가지 안전 훈련을 정기적으로 받고 있지만, 의외로 부모들은 모르는 경우가 많다. 이런 경우 실제로 사고가 났을 때 신속한 대피가 어려울 수 있다. 아이와 함께 실제처럼 꾸며놓은 재난 상황을 체험해보고 안전 교육을 받는 것이 매우 요긴할 것이다. 이 외에도 비행기, 배, 기차, 극장 등을 이용할 때 사고가 난다면 어떻게 대피해야 할지도 시나리오를 작성해 예행 연습을 해보는 것이 필요하다. 머리로는 알고 있어도 몸으로 익힌 매뉴얼이 없으면 실제 사고가 났을 때 당황할 수 있다. 현장학습이나 수련회를 갈 때도 사고가 났을 때 어떻게 행동해야 할지 아이에게 알려주는 것이 좋을 것이다.

얼마 전 부산의 한 터널에서 유치원 버스가 전복되는 아찔한 사고가 일어났었다. 다행히 아이들이 모두 안전벨트를 하고 있어서 사망자가 발생하지는 않았다. 광주의 한 고층 아파트에서는 여섯 살 난 여자아이가 잠깐 집 안에 혼자 있는 동안 전열제품에서 불이 났다. 그러자 아이는 유치원에서 배운 대로 대피했고, 심지어 현관문을 꼭 닫고 계단으로 내려오면서 "불이야!"라고 외쳐서 큰 인명 피해까지 막았다. 또 여수의 한 버스 회사에서는 매달 1회 이상 비상시 대처 요령에 대한 교육을 해왔다고 한다. 몇 달 전 이 회사의 버스에서 방화로 인한 불이 났을 때 버스기사가 신속하고 침착하게 대처해 승객들은 모두 무사할 수 있었다.

부모가 스스로 안전에 대한 확고한 생각을 갖고 있다면, 아이가 어딜 가든 좀 더 안심이 될 것이다. 그러기 위해서는 부모가 늘 생활 속에서 '어떤 것보다 안전이 최우선이다'라는 인식을 끊임없이 상기시켜줘야 한다. 당연히 안전 문제로 부모가 다투는 모습을 보이는 것은 좋지 않다. 예를 들어 카 시트에 앉아 있는 둘째 아이가 불편하다며 격렬하게 운다 치자. 첫째 아이가 "엄마, 수민이가 계속 울어. 벨트 풀어주면 안 돼?" 하며 묻는다. 이런 상황에 부모가 해주는 말들이 중요하다. "카 시트에 앉아 있는 것은 생명과 관련된 것이기 때문에 중요해. 지금 동생이 운다고 카 시트에서 꺼내주는 것은 아주 위험한 행동이야. 우리는 수민이를 사랑하기 때문에 지금 울더라도 견뎌줘야 해. 그런데 걱정하지 마. 다음

번에는 덜 울 거야. 그 다음번에는 훨씬 덜 울지 않겠니?" 부모가 다정하면서도 차분하게 분명한 지침을 가지고 대하면, 아이도 안전에 대한 단단한 지침을 배우게 된다.

만약 이럴 때 부부가 싸움을 한다면 어떨까? 운전을 하던 남편이 작은 애가 울자 "애 좀 조용히 시켜봐!" 하고 되레 소리를 지른다. 아내도 "애가 우는 걸 나 보고 어떻게 하라고!" 하며 맞받아친다. 남편은 "걔 뻔히 울 걸 알면서 거기에는 왜 앉혀?" 하고, 아내는 "그럼 위험한데 안 앉혀?" 하면서 옥신각신한다. 이런 상황에서는 아이가 확고한 안전 지침을 배우지 못한다. 나아가 아이가 꼭 배워야 하는 중요한 가치를 두고 엄마 아빠의 생각이 자주 부딪친다거나 논쟁을 하다가 싸움으로 끝나는 것을 경험하면, 아이는 의견이 서로 충돌하는 상황에서 어떤 기준을 가지고 결정을 내려야 하는지 배우지 못한다. 이렇게 자란 아이는 상대와 약간만 의견이 달라도 그 상황을 잘 못 견딘다. 상대에게 지나치게 맞추려고 하거나 과도하게 중재해서 모든 것을 화해의 모드로 만들려고 한다. 그래야만 자신이 편해지기 때문이다.

배우자를 육아 동지에서 적으로 만드는 말

Stop Daddy!

· 왜 당신만 유난이야!

· 하늘은 안 무너진대? 무서워서 밖에는 어떻게 나가니?

· 재수 없는 소리하지 마. 사고가 왜 나!

Stop Mommy!

· 이건 아이 목숨이 달린 문제야.

· 당신은 아이가 죽어도 괜찮아?

생활 전반의
다양한 문제들

생활 전반에 대한 엄마 아빠의 생각은…

얼마 전 외국에서 같이 연구를 하던 동료 외국인 의사가 업무 때문에 우리나라를 잠깐 방문했다. 그는 우리나라 남자들의 밤 문화, 술 문화를 보더니 깜짝 놀랐다. "여기는 남자들의 천국이군요. 남자라면 누구나 이 나라에 살면 좋아하겠어요"라고 말했다. 서양 아빠들도 회사에 다니고 사회생활을 한다. 그들은 아내가 전업주부라도 양육에서 일정한 역할을 담당한다. 서양 아빠들은 회사일이 끝나면 집으로 달려가고, 아이를 학교나 유치원에 바래다주고 데려오는 것을 자기 일로 생각한다. 그에 비해 우리나라 아빠들은 퇴근 시간을 정확하게 지키지 못할 뿐더러 일찍 끝나도 술자리를 찾아 두리번거린다. 그러면서도 "나도 스트레스 좀 풀어야지. 이렇게 안 하면 돈 벌어올 수 있는 줄 알아?"라며 자신의 행동을 당연하고 당당하게 여긴다. 우리나라처럼 양육에서 아빠의 역할이 빠지는

275

것을 당연시하고 퇴근 후의 밤문화를 인정해주는 나라는 세계 어디에도 없다. 서양 아빠들은 1년에 한두 번 하는 공식적인 술자리에도 아내의 허락을 받아 가족과 함께 참석하고, 어쩌다 오랜만에 친구와 술자리를 하더라도 꼭 부부 동반으로 간다.

이 시대의 아빠들이 스트레스를 많이 받는 것은 인정한다. 하지만 분명히 말해두고 싶은 것은, 아빠들의 존재의 출발지는 가정이고 가족이다. 그것을 잊어서는 안 된다. 술자리에서 정치와 경제를 비판하고, 사회 현실을 논하고 술값을 내면서 선심 쓰면 잠시나마 자존감이 높아진 것 같겠지만, 이것은 술자리에서 잠깐 느낄 수 있는 거짓된 모습이다. 즉, 다시 술을 부르는 덫이다. 술자리에서 일상의 스트레스가 잠시 해소되는 것도 같지만, 술이 깨면 아이 학교도 보내야 하고 공부도 가르쳐야 하고 대출금도 갚아야 하는 것이 현실이다. 나는 아빠들이 그토록 말하듯 정말 필요한 사회적인 술자리에만 참석한다면 술자리 횟수가 반의 반으로 줄 것이라고 확신한다. 그 나머지는 일찍 들어와서 아내를 돕고 아이와 놀아주는 것이 좋다. 그것이 아빠의 진짜 자리이고, 그 자리에서 편안함을 느낄 수 있어야 한다. 삶의 비중을 어디에 두느냐에 따라 삶의 모습도 많이 달라진다. 아빠들은 결혼한 이상 가정이 자신의 뿌리임을, 내 삶에서 가장 중요한 것임을 인정해야 한다. 따라서 어떤 일보다 나의 가족 구성원들의 문제를 최우선으로 해결하고, 내 가정을 위해 필요한 행동을 하고, 불필요한 행동을 줄여야 한다. 이것은 선택이 아니라 의무이다.

아빠들을 집안의 진정한 구성원으로 우뚝 서게 하려면 엄마들에게도 고칠 점이 있다. 우리나라 엄마들은 양육이나 집안일을 본인이 알아서 미리 처리해버리는 것이 너무 많다. 아빠들은 그런 일이 있었는지조차 모르게 엄마가 알아서 해결한다. 엄마의 이런 행동 패턴도 바뀌어야 한다. 아빠들에게 양육이나 가사는 익숙한 일이 아니기 때문에 그때그때 가르쳐주어야 한다. 그런데 엄마들이 미리 알아서 해버리면 아빠들은 배울 기회가 없다. 아빠들이 가정으로 돌아왔을 때 발 뻗을 자리가 없는 것이다. 엄마들은 아빠들이 가사에 서툴고, 아이에 대해 잘 모르고, 또한 자기 마음을 잘 몰라주더라도, 화내지 말고 도움을 요청하는 법을 배워야 한다. 아빠들이 잘할 수 있도록 방법을 알려주어야 하고, 아이에 대한 정보를 주어야 하고, 자신의 마음을 차분히 설명해야 한다. 알아서 해주기를 바라면 절대 안 된다. 예를 들어, 아이가 아파서 병원에 가야 할 상황이면 "여보, 아이가 열이 많이 나. 어쩌지?" 하지 말고, "여보, 지금 아이가 열이 많이 나는데, 병원에 가봐야 할 것 같아. 그런데 내가 아이를 혼자 데려가는 것은 너무 힘들어. 당신이 나를 좀 태워다주고 갔으면 좋겠어. 올 때는 내가 알아서 할게"라고 엄마의 사정과 생각을 설명하고 타협할 줄 알아야 한다. 엄마들은 너무 불안해서 자신이 미리 알아서 다 처리해버리고, 아빠들이 그 속도를 못 쫓아온다며 화를 내기도 한다. 이럴 때 아빠들은 자기가 해야 되는 행동이 정확히 무엇인지 알지 못한다. 양육을 아빠와 함께 하고 싶다면, 엄마들은 이 점을 절대 잊지 말아야 한다.

답도 안 나오는 얘기를
해봤자 뭐해.

open daddy's heart

아내가 그런 상황에서 속이 상한다는 것은 알고 있지만, 안다고 내가 어떻게 할 수 있는 문제도 아니잖아. 싫다고 얼굴을 보지 않을 수도 없고, 본가에 안 갈 수도 없잖아. 아내 편을 들어주기에는 내 입장도 좀 곤란한데… 일 년에 몇 번밖에 안 가는데 아내가 좀 참으면 안 될까?

내가 이런 대접을 받다니….

open mommy's heart

아들만 사람이고 며느리는 사람도 아니야? 집안일은 몽땅 시키면서 어머님은 나에 대한 배려는 한번도 해준 적이 없어. 이럴 때 남편이라도 나서서 한마디 하면 좋을 텐데, 그런 생각도 못 하니 내가 서운한 거야. 저 사람이 과연 나와 아이들을 든든하게 지켜줄 수 있을까?

한 젊은 아내가 이런 감정 상태로는 남편과 더 이상 못 살겠다며 찾아왔다. 결단코 이 사람과 이혼을 하겠다는 것은 아니었지만, 남편의 매번 반복된 행동에 너무나 속이 상한다는 것이었다. 남편은 삼형제 중의 막내였다. 그들은 분가를 해서 용인에 살고 있었는데 본가는 대구였다. 평상시 두 사람은 아무 문제가 없었는데, 문제는 명절 때나 집안 행사 때 시가에 다녀온 후 발생했다. 시가만 다녀왔다 하면 아내는 화가 나서 남편이랑 말도 안했다. 사정은 이러했다. 시가에 가면 이틀 잠을 자야 하는데, 시가에는 어린 아이를 데리고 잘 만한 곳이 마땅치 않았다. 방이 많지 않아 골방 같은 데서 아이를 데리고 자야 했는데, 시어머니는 그리 다정한 스타일이 아니어서 방에 미리 보일러를 틀어놓는다든지 등의 배려가 없으셨다. 아이는 시가만 다녀왔다 하면 감기에 걸려서 몇 주 고생하곤 했다. 다행히 가까운 곳에 사는 윗동서들이 그런 사정을 알아줘서 명절 음식 준비가 끝나면 "어머님, 오늘 동서 저희 집에서 재우고 내일 아침 일찍 같이 올게요"라고 바람을 잡아주었다. 그런데 시어머니는 그때마다 "뭘 거기 가서 자려고 해. 그냥 여기서 자"라고 딱 잘라 말하셨다. 이럴 때 남편은 동서들 편을 들어주는 것이 아니라 주저주저하다가 "그래, 번거롭게 뭘 가려고 해. 여기서 자자"라고 말해버리곤 했다.

시가에 다녀온 후 남편에게 "내가 시가에 안 가겠다는 것도 아니고, 눈치껏 형님네 집에 가서 자고 오겠다는데, 한 번이라도 눈감아주면 안 돼?"라고 항의하면, 매번 돌아오는 말은 "일 년에 딱 몇 번 가는 데 불편하더라도 그냥 자면 안 돼? 당신이 평소 시어머니를 모시고 사는 것도 아닌데, 그것도 못 참아?"였다. 아내는 남편의 이런 태도 때문에 명절만 다가오면 미치겠다고 말했다.

이런 일들은 그 순간에는 아무것도 아닌 것처럼 보이지만 매번 반복되면 아내에게는 남편을 믿지 못하는 마음이 생긴다. 단순히 시가에서 자고 자지 않고의 문제가 아니라 남편에 대한 신뢰에 문제가 생기는 것이다. '이 사람이 과연 나와 내 아이에게 중요한 일이 있을 때, 적절한 판단을 내릴 수 있을까? 저렇게 우유부단하고 합리적이지도 않은 사람이 우리를 든든하게 지켜줄 수 있을까?'라는 생각을 하게 된다.

내가 만나본 남편은 그다지 고지식하고 가부장적인 사람은 아니었다. 그는 자기 어머니가 옳다고 생각하지도 않았고, 아내가 무슨 말을 하는지도 충분히 이해하고 있었다. 문제는 그런 위기 상황에서 자신이 어떻게 대처해야 할지 모르고 있다가, 어머니의 기에 그냥 밀려버리고 마는 것이었다. 사실 시어머니가 "애야, 뭘 가서 자고 오려고 하냐. 그냥 자라"라고 말씀하실 때, 남편의 지원이 없으면 며느리 입장에서는 어찌할 수가 없다. 그때 남편이 "애도 감기에 자꾸 걸리고 하니 가서 자고 와"라고 말해버리면, 시어머니는 잠깐 서운해도 못 이기는 척 "그래, 그럼 그래라"라고 하실 수도 있다. 나는 남편에게 아내가 지금 무엇 때문에 마음이 상했는지를 정확하게 짚어주었다. 아내는 시어머니가 싫어서가 아니라 자신이 인간으로서 받아야 할 가장 기본적인 배려와 존중을 못 받았다고 느낀다. 아들만 자식으로서 인정받고 자신은 단지 노동 인력으로 취급받는다고 생각한다. 그런 감정을 느끼는 사람에게, 1년에 몇 번 다녀가는지는 별로 중요하지 않다고 남편에게 말해줬다.

나는 두 사람에게 대구에 내려가기 전 반드시 합의를 하라고 조언했다. 남편은 시어머니의 배려가 바뀌지 않는 한, 아내가 동서네 가서 자고 올 수 있게 도와주라고 했다. 시어머니가 이런 말을 할 때 남편은 이런 말을 하고, 아내는 저런 말을 하는 등 내려가기 전에 미리 각본도 짜두라고 했다. 시어머니 앞에서는 며느리가 자기 의견을 말하기 어려우므로 이것은 남편이 해줘야 할 몫이라고 강조했다. 또 아내에게는 남편의 이 정도 역할에 만족하라고 했다. 그리고 시어머니에게 다른 것은 기대하지 말라고 일렀다. 그 방을 개조한다거나 그들이 도착하기 전에 불을 지펴놓는 것은 기대도 하지 말고, 남편이 그 상황에서 구렁이 담 넘어가듯 행동해주는 것만으로 만족하라고 말이다.

남편들은 이런 문제를 그리 심각하게 받아들이지 않는다. 시가에서 매일 사는 것도 아닌데 하룻저녁 눈 딱 감고 자면 될 것을 아내가 너무 복잡하게 생각한다고 말한다. 하지만 아내들은 그 사건 하나에 많은 심리적인 의미를 부여하고 있기에 절대 눈 딱 감고 자줄 수가 없다. 아무리 간단해 보이는 불만이나 갈등이라도 반복되면 골이 생기고 상대방에 대한 믿음이 깨지는 법이다. 게다가 둘 중 한 사람이 참을 수 없이 괴로운 상황이라면 더욱 그렇다. 그럴 경우 배우자는 최선을 다해 그 사람의 고통을 이해하고 해결하려는 행동을 해야 한다. 그것이 양가 어른들 때문이라면 더더욱 그렇다. 왜냐하면 우리나라 정서상 당사자는 절대 나서서 해결하기 어렵기 때문이다.

아내들이 시가 어른들을 어려워하는 것처럼 남편들도 처가 어른들을 어려워한다. 특히 장인과 장모가 우리 집 살림살이에 개입하는 것, 끊임없이 자신에게 잔소리하는 것을 불편해한다. 이 상황에서 아내는 친정에 가 있는 날이 많고, 처가 식구들이 뭉쳐서 만날 때마다 딸 고생시킨다는 소리를 하면, 남편들은 정말 힘들어한다. 처가에서 지나치게 참견을 하면, 남편들은 자신의 삶이 독립적이고 자발적이고 자기주도적이지 못하다고 생각해 무력감을 느낀다. 그럴 때 나는 아내들에게 조언한다. "당신은 결혼을 했고, 이제 당신 인생에 가장 중심이 되는 인간관계의 동심원은 아이와 남편이다. 아무리 부모가 당신을 낳았고 너무나 사랑하는 사이더라도 그들은 동심원 밖에 있는 사람들이다. 이것을 분명히 구별해라. 내 가정을 지키기 위해서 친정에 가는 횟수를 줄여야 한다. 매일 가고 있다면 주말에만 가고, 주말마다 가고 있다면 격주로 가라." 친정어머니가 많이 도와주고 계시더라도 이제는 좀 혼자 감당해야 한다. 집안일이 많으면 두 사람이 나눠서 해결하고, 경제적 여유가 있다면 차라리 일주일에 한두 번 도우미를 부르는 것도 낫다. 두 사람의 삶을 다른 사람의 도움 없이 그들 스스로가 알아서 바꾸려는 노력을 해야 한다.

시가 혹은 친정으로 인해 부부간의 갈등을 겪게 되는 상황은 또 있다. 바로 아이를 맡겼을 때다. 평소 남편의 어떤 점에 대해 문제가 많다고 생각했는데, 시어머니가 남편을 키운 방식으로 내 아이를 키우는 것 같을 때 아내들은 스트레스를 받는다. 내 아이에게도 남편과 같은 문제가 나타날까 봐 불안하기 때문이다. 친정에 아이를 맡길 경우도 마찬가지다. 남편이 아내를 봤을 때 감정 기복이 심하고 소리도 잘 지르는 모습이 정말 마음에 들지 않는데, 장모님의 성격이 아내랑 똑같다. 그리고 내 아이를 그대로 키우는 것 같을 때 남편들은 확 불안해진다. 이런 갈등이 표출되면 서로 "나도 그렇게 잘만 컸어. 당신 나 좋아서 결혼했잖아. 우리 엄마가 뭐가 어떻다고 그래?" 하면서 언성을 높인다. 싸움이 최고조에 다다르면 "너나 잘해"라며 서로 감정이 상하는 격한 말까지 내뱉는다.

사실 이런 갈등은 완전히 다른 두 집안이 결혼한 이상 누구에게나 발생할 수 있다. 이럴 때는 예민하게 받아들이거나 흥분하지 말고, 최대한 솔직하게 불안을 정화해서 말해야 한다. 너무 미화시켜도 의미가 전달되지 않으므로, 차분하게 "나는 당신이 정말 좋아서 결혼을 했어. 하지만 사람은 누구나 완벽하지 않잖아. 당신이 이런 면을 보일 때는 내가 좀 힘들어. 내가 생각하기에 어머님의 그런 면이 당신에게 영향을 준 것 같아. 그런데 어머님이 우리 아이한테도 그렇게 대하시는 것 같을 때는 내 마음이 불편해. 당신이 받아들이지 않아도 어쩔 수 없지만 내 마음은 그래. 너무 자주는 안 갔으면 좋겠어"라고 솔직하게 얘기한다.

시가이든 친정이든, 어르신들과 육아 갈등이 심하다면 아이를 맡기는 시간을 최대한 줄여야 한다. 아이를 봐주시는 어르신들에게는 그 이유를 부부끼리 하듯 솔직하게 말해서는 안 된다. 어르신들이 '우리가 이렇게 행동한 것을 저렇게 받아들이는구나. 조심해야겠다'고 너그럽게 생각하는 경우는 거의 없다. 솔직히 말했다간 굉장히 서운해하실 수 있기 때문에 말을 안 하는 편이 도리어 낫다. 자칫하면 가정불화가 생길 수 있다. 하지만 부부끼리는 그 이유를 공유하고 있어야 한다. 혹시 지금 막 갈등이 일어나려고 하는 상황과 맞닥뜨렸다면 배우자와 부모님이 상처받지 않도록 적절하게 대처한다. 만약에 시어머니가 며느리에게 "너는 왜 매번 아이를 이렇게 키우니?"라고 말하면 남편이 "그냥 두세요. 애들은 크면서 변하잖아요"라고 두루뭉술하게 말하고, 시어머니와 며느리 간에 갈등이 생길 것 같으면 남편이 "어머니, 우리 약속 있어서 빨리 가봐야겠네"라며 눈치껏 행동하는 것이 중요하다. 장모와 사위 사이에 육아 갈등이 생겼을 때도 마찬가지다. 이럴 때는 아내가 나서서 상황을 종료시켜야 한다.

그렇다면 시어머니와 며느리가 육아 방식의 차이로 이미 격렬하게 다투고 있는 상황이라면 어떻게 할까? 대부분의 남자는 이런 상황에서 모른 척한다. 정말

두 사람의 갈등이 보이지 않아서가 아니라 중간자의 입장으로 어찌해야 할지 모르기 때문이다. 한마디로 당황스러워서 피하는 것이다. 이때 가장 바람직한 해결 방법은 두 사람 편을 모두 들어주는 것이다. 단, 두 가지 원칙은 꼭 지켜야 한다.

첫째, 여러 가지 얘기는 하지 말고 그 상황만 다룬다. 둘째, 두 사람이 같이 있는 자리에서 이야기하지 않는다. 아내에게는 "나도 당신 말이 맞다고 생각해. 하지만 어머니 기분이 안 좋아지시니까 그런 식으로 얘기하지 않았으면 좋겠어. 다음에 해. 당신 지금 너무 예민해진 것 같아"라고 말한다. 어머니께는 "어머니가 많이 속상하실 것 같아요. 그 마음은 알겠는데 저 사람이 아이 엄마잖아요. 자기가 주도적으로 해보고 싶어서 그러는데, 아이 문제는 저 사람한테 맡겨보자고요" 정도로만 얘기하고 끝낸다. 그런데 이런 이야기는 그 자리에서 해서는 안 된다. 상대편이 보는 앞에서 이런 말을 하게 되면 당사자는 자존심이 상할 수 있다. 누군가를 창피하게 만드는 것은 인간관계에서 가장 좋지 않은 방법이다. 어머니를 방으로 모시든지 아내를 밖으로 데리고 나와서 그 사람에게만 조용히 말하는 것이 좋다.

그런데 이런 점도 한번 짚고 넘어가자. 할머니가 낮 동안 아이를 봐주시는데 엄마랑 할머니랑 자주 싸운다고 치자. 그 광경을 바라보는 아이는 어떻게 느낄까? 아이는 막연한 공포를 느껴 불안해한다. '할머니가 나한테 해주는 것이 잘못된 것일까?' 하는 생각으로 아이의 마음에서도 갈등의 파도가 인다. 이제 막 사춘기에 접어드는 한 남자아이는 할머니의 잔소리가 심해서 짜증이 난 상태였다. 물론 아이를 맡겨둔 엄마도 어머님이 너무 잔소리가 심하다는 것을 인정했다. 하지만 그렇다고 해서 아이 앞에서 할머니를 헐뜯어서는 안 된다. 엄마가 굉장히 믿고 있는 할머니한테 너를 부탁한 거라는 안정감을 주어야 하고, 아이와 할머니의 관계에도 흠집이 생기지 않도록 해야 한다. "할머니가 잔소리가 많으시지?" "그렇죠." "그럴 때 '알았어요'라고 대충 말하지 말고 공손하게 '네' 하고 말해. 네가 반항하는 것이 아니라는 것은 알지만, 할머니는 너에게 확답을 들을 때까지 계속 얘기를 하실 거거든. 네가 힘들어하는 거 엄마도 알아. 엄마도 어릴 때 그런 잔소리가 듣기 싫어서 미리 해야 될 일을 해놓곤 했어. 그렇지만 할머니가 너를 얼마나 사랑하시는지 알지?" 그러면 아이도 "알아요"라고 말하면서 조금은 안정된다.

아이를 맡길 때 아이가 불안해하지 않게 하려면, 아이와 주 양육자와의 관계만큼 대리 양육자와의 관계에서도 단단한 애착 관계를 형성하게 해주어야 한다. 그러려면 주 양육자와 대리 양육자가 좋은 협력 관계라는 것을 아이에게 보여주어야 한다. 때문에 아이 앞에서 대리 양육자의 흉을 봐서도 안 되고, 대리 양육자와 싸워서도 안 된다. 대리 양육자가 시어머님이나 장모님이고, 아이를 맡길 수밖에 없는 상황이라면 남편이나 아내를 위해서가 아니라 내 아이의 안정을 위해서라도 좋은 관계를 유지하려는 노력이 필요하다.

배우자를 육아 동지에서 적으로 만드는 말

Stop Daddy!

· 나도 잘만 컸어.

· 우리 엄마가 뭐 어때서?

· 당신이나 좀 잘해!

· 장모님 좀 너무하시는 거 아냐?

Stop Mommy!

· 자기 아들만 사람이고, 난 사람도 아닌가?

· 내가 이 집안 무보수 노동자야?

· 나도 귀하게 컸다고!

· 당신 손주인데, 당연히 봐주셔야 하는 거 아니야?

그렇게 걱정되면
일 그만두든가!

open daddy's heart

아내가 일하는 것이 나도 불편해. 아내가 일을 안 해서 집 안도 깨끗하고, 나도 잘 챙겨주고, 아이도 잘 키우고 아침저녁으로 맛난 음식을 먹고 싶은 마음도 내 안에 있어. 하지만 본인이 결정했잖아. 그럼 알아서 다 해내야 하는 거 아니야? 누가 일하라고 했어? 본인이 밖에 나가고 싶어서 결정한 거면 힘들어도 좀 참아야 하는 것 아닌가? 아이가 너무 걱정되면 차라리 집에 있든지.

내가 아이한테
너무 소홀한 것 아닐까?

open mommy's heart

나는 사회인으로서 내 일을 하면서 자아실현을 하는 것이 중요하단 말이야. 그런데 내 욕심 때문에 아이가 잘 자라지 못하면 어떡하나 항상 불안해. 집 안 꼴은 또 이게 뭐야! 나 주부 맞아? 남들은 일하면서 아이도 잘 키우고 살림도 완벽하게 하던데, 왜 난 그게 안 될까?

일하는 엄마들은 말한다. "내가 과연 전업주부로 살 수 있을까? 점심 먹고 차 마시면서 수다나 떠는 그런 자리에 어울릴 수 있을까? 나의 귀한 시간을 그렇게 한심하게 보내고 싶지 않아"라며 전업주부를 깎아내린다. 그러면서 속으로는 불안해한다. '지금이 아이한테 중요한 시기인데, 내가 소홀한 것 아닐까? 내가 자아실현을 한답시고 이렇게 아이를 내팽개쳐도 되는 건가? 내가 엄마 맞나?' 하는 근본적인 불안을 가지고 있다. 그렇다고 이 엄마들이 일을 그만둔다고 불안해하지 않는 것은 아니다. 집에 있어도 '남편이 가져다주는 돈만으로 살 수 있을까? 내가 밖에서 일할 때는 사람들이 서로 데려가려고 했었는데…. 아이한테는 짜증내면 안 된다는데 난 왜 자꾸 소리를 지르지? 집에 있는 게 오히려 아이한테 안 좋은 영향을 주는 거 아닌가?' 하면서 엄마로서의 자신감과 양육의 효율이 떨어지는 것에 대해 불안해한다. 일을 하고 싶은 엄마들은, 혹시 내가 이 마음을 누르고 집에 있으면 아이를 원망하는 마음이 생기는 게 아닐까 하는 근원적인 걱정도 있다. 이 엄마들은 양육의 위기 상황에 직면할 때마다 '집에 있어야 하는 것 아니야?' '집에 있는 것이 옳을까?'를 갈등한다. 엄마들의 이런 걱정은 쉽게 말하면 딜레마다.

그렇다면 전업주부인 엄마들은 아무런 갈등이 없을까? 전업주부 엄마들은 말한다. "일하는 엄마들은 아이보다 자기가 더 소중한 사람들이다. 우리가 못나서 집에서 아이를 키우는 것이 아니라 아이를 위해 나를 포기했을 뿐이다. 사실 우리 때문에 일하는 엄마들의 아이까지 제대로 된 학교 생활을 하고 있는 것이다. 우리가 급식 도우미도 하고, 학교를 올바르게 운영하는 각종 회의에도 참석하고, 녹색 어머니도 하기 때문에 제대로 굴러가는 것이다. 전업주부들은 우리가 매일 모여 남편 흉이나 보면서 노닥거리는 줄 알지만, 그런 만남은 모두 아이를 더 잘 키우기 위한 것이다. 일하는 엄마들은 우리가 힘들게 구해온 정보를 넙죽 가로채기만 해서 가끔씩 얄밉다." 그러면서 전업주부 엄마들도 속으로는 '나 이대로 도태되는 건 아닐까, 내 이름도 잃어버리고 영영 누구누구의 엄마로 남는 건 아닐까'라며 불안해한다. 실제로 전업주부 엄마들은 아이가 한창 자랄 때는 괜찮지만, 아이가 대학에 입학하고 나면 굉장히 공허해한다. 아빠는 엄마의 뒷바라지 덕에 점점 사회적 지위도 올라가고 연봉도 높아진다. 하지만 엄밀히 따져보면 그것은 남편의 성공이지 나의 성공은 아니다. 남편도 그 공을 아내한테 돌리려 하지 않는다. 오히려 돌아오는 것은 "당신 그것도 몰라?"라는 핀잔이다. 전업주부인 엄마들도, 누구의 엄마로 사는 일은 가치 있지만 이것이 나 자신을 찾아주지는 않을 것이라는 생각에 근원적인 좌절감과 불안이 있다.

왜 엄마들은 일을 하든 안 하든 모두 불안한 것일까? 불안이란, 두 개의 가치 중 근소한 차이로 한쪽을 선택하고 그 나머지에 대한 미련을 접지 못할 때 생긴다. 일하는 엄마는 자신이 집에 있었다면 아이에게 줄 수 있는 혜택을 포기하지 못하고, 전업주부인 엄마는 자신이 일을 했다면 가질 수 있었던 성취감과 경제적인 여유를 포기하지 못해 항상 불안하다. 일하는 엄마가 되었으면, '그래, 나에게는 사회적 성취도 중요해. 나는 계속 이렇게 살아갈 거야'라고 인정하고, '에너지와 시간의 배분을 잘해서 어느 쪽이든 덜 미안해지도록 해야지'라고 생각해야 불안이 줄어든다. 그런데 나머지 한쪽을 접지 못하고 계속 '나는 좋은 엄마가 아닌 것 같아. 나는 왜 아이한테 올인하지 못할까? 나는 왜 아이를 위해 완전히 희생하지 못할까?'라는 고민만 되풀이하면 불안은 점점 커져가고 어떤 일도 제대로 해낼 수가 없다.

전업주부인 엄마도 마찬가지다. '지금은 아이를 돌보는 것이 무엇보다 중요해. 경제적인 어려움은 살림을 좀 알뜰하게 꾸려서 이겨내야지'라고 생각할 수 있어야 한다. 사실 옛날 엄마들은 혹여 일을 하게 되더라도 요즘 엄마들처럼 불안해하지는 않았다. 그들에게는 일 자체가 아이를 잘 키우기 위한 수단 중 하나였기 때문이다. 요즘 엄마들이 유난히 불안한 것은 태초부터 유전자에 새겨진 '보살핌 본능'과 교육으로 깨친 '자아실현의 본능'이 엄마 안에 함께 존재하기 때문이다. 이 엄마들은 항상 육아와 일을 동시에 저울에 올려놓고 갈등한다. 그리고 둘 중 어느 것도 선택하지 못하고 주저한다. 그러다 상황에 밀려 하나를 선택하면 그것이 무엇이든 후회하고 불안해한다.

하나를 선택했다면 다른 하나는 어느 정도 놓아야 한다. 그러려면 선택한 것이 다른 누군가에 의해서가 아닌 자기 스스로 한 선택이라는 것을 인정해야 한다. 사람은 누구나 자기 가치관으로 움직인다. 반드시 그런 것은 아니지만, 어릴 때부터 돈이 중요하다 여기고 경제적인 어려움을 겪은 사람들은 일하는 엄마가 된다. 결코 그것이 아이보다 더 중요해서가 아니다. 그에 비해 어렸을 때 좀 풍족하게 살았지만 엄마와의 시간이 부족해 항상 갈증을 느꼈거나, 개인적으로 어떤 사건을 겪고 그 무엇보다 아이가 우선이라고 생각한 사람은 전업주부가 된다. 이들 역시 자아실현에 관심이 없어서가 아니다. 어떤 선택이든, 그 사람이 무의식적으로 조금이라도 더 중요하다고 생각하는 가치가 반영된 것이다.

일하는 주부는 의식적으로 '아이를 위해 일을 그만두어야 하나?'라고 생각하지만, 그럼에도 여전히 일하는 것은 무의식적으로 일을 중요시하기 때문이다. 마찬가지로 전업주부는 '나도 일을 좀 해야 하지 않을까?'라고 의식적으로 걱정은 하지만, 무의식적으로 지금은 무엇보다 아이를 돌보는 것이 중요하다고 생각한다. 이것을 진심으로 받아들여야 한다. 불안을 다룰 때 가장 중요한 것은 자기 자신을 솔직히 인정하고 받아들이는 일이다. 그리고 오해하지 말아야 한다. 일하는 엄마라면 '나는 사회적 성취와 경제력을 굉장히 중요시하는 사람이구나' 하는 것을 인정하고, 그것이 아이를 일보다 덜 중요하게 생각한 것이라고 스스로 오해해서는 안 된다. 전업주부인 엄마도 '나는 아이와 함께하는 시간을 무엇보다 중요시하는 사람이구나'라고 인정하고, 이렇게 살면 자신의 삶이 도태될 것이라는 오해는 버려야 한다. 인정하고, 오해하지 않아야 불안이 해결된다.

주위를 한번 둘러보자. 밖에서 일하는 엄마들이 키운 아이들이 대부분 잘 자라지 못하는가? 분명 그렇지 않다. 오히려 아이에게 사회적 역할의 중요성을 설명해줄 수도 있고, 한 사람이 다양한 역할을 할 경우 어떻게 시간을 배분해야 하는지도 알려줄 수 있다. 하루 종일 아이한테 헌신하지 못한다고 좋은 엄마가 아닌 것은 아니다. 단, 아이에게 시간상 이만큼밖에 해줄 수 없는 이유를 잘 설명하고, 아이가 자신의 존재감이나 가치를 의심하지 않도록 해주어야 한다. 간혹 전업주부 엄마들은 자신의 모습을 본 아이가 사회 속에서 진취적인 역할을 하지 못할까 봐 걱정한다. 하지만 결과는 전혀 그렇지 않다. 아이들이 엄마의 모습에서만 사회적 역할을 배우는 것은 아니다. 오히려 엄마가 준 정서적인 안정으로 사회에 나갔을 때 처음 해보는 역할도 자신감 있고 진취적으로 해낼 수 있다.

지금 자신의 위치가 자꾸 불안하다면 눈을 감고 가만히 생각해보자. 나는 어떤 사람인가, 나는 어떻게 살고 싶은 사람인가. 우선 내가 어떤 사람인지를 파악해야 한다. 그리고 나에게 무엇이 중요한지 알고 그것을 인정할 줄 알아야 한다. 자꾸 자식을 위해서라고 생각하지 마라. 불안의 제공자는 '아이'가 아니라 '나 자신'이다. 따라서 '나 자신'에서 출발해야 한다. 내가 전업주부인 것은, 아이를 잘 키우기 위해서가 아니라 아이한테 올인하지 않으면 내가 불편하기 때문인 것이다. 자신의 선택을 아이 때문이라고 생각하면 안 된다. 내가 일을 하는 것은, 밖에 나가서 힘들게 일하면서 돈을 벌어도 분명 그것이 좋기 때문에 선택한 것이다. 전적으로 수입 때문만은 아니다. 그것이 스스로에게 행복감을 주기 때문이다. "내가 너를 잘 키우려고 밤늦게까지 일한다"라고 아이한테 말하지 마라.

일하는 엄마들 중에는 간혹 육아가 자신과 맞지 않아 일을 선택한 경우도 있다. 많은 엄마들은 엄마라는 이름을 달고 "육아가 어렵고 두렵다"고 인정하는 것을 부끄러워한다. 분명히 말하지만, 엄마라고 모두 아이를 잘 키우는 것은 아니다. 만약 내가 아이를 키우는 것이 어려워서 일하는 것을 택했다면 그 사실을 인정하자. "요즘 사교육비가 얼마나 드는데, 둘이 벌어서 키워야지"라고 거짓을 말하지 말고 "나는 아이 키우는 게 너무 어렵고, 특히 아이가 우는 것이 굉장히 두렵다. 어떻게 해야 할지 모르겠다"고 인정해라. 그것이 밖에 나가서 일하는 이유의 전부는 아니겠지만, 그런 면이 있다는 것을 본인이 인정하지 않으면 일하는 엄마가 갖는 불안은 절대 해결되지 않는다. 내가 아이를 키우는 기술이 부족해서 일한다는 것을 인정해야 친한 친구이든, 조금 더 경험이 많은 사람이든, 전문가든, 그들로부터 제대로 된 조언을 얻을 수 있다. 진정으로 자신을 돌아봐야 다른 사람의 조언도 도움이 될 수 있다.

일하는 엄마들은 보통 '나는 좋은 엄마가 아닌 것 같다'는 근원적인 죄책감을 갖는다. 이런 죄책감은 죄책감에서 끝나지 않고 많은 문제를 낳는다. 미안한 마음에 아이의 요구를 뭐든 받아주어 응석받이로 키우기도 하고, 함께 시간을 보내지 못하는 안타까움을 돈이나 물건으로 때우기도 한다. 아이와 허물없이 이야기를 나누는 것이 두려워 잔소리나 지시, 지적으로 대화를 하고는 그것을 아이와 소통하는 것이라고 착각한다.

또한 죄책감은 부끄럽고 수치스러운 감정이라 한번 생기면 너무 불편하다. 그래서 무의식적으로 그 감정을 떨치기 위해 만만한 남을 탓하는 버릇이 생기기도 한다. 여기서 만만한 남이란 바로 남편과 아이다. 남편에게는 "당신이 돈만 잘 벌어왔어 봐. 내가 집에서 아이를 키웠겠지. 당신이 못 벌어오니까 내가 나가서 일을 할 수밖에 없잖아?"라는 말을 하고, 아이에게도 끊임없이 부담을 준다. "엄마가 이렇게 힘들게 일하고 들어왔는데, 방이 이게 뭐니? 정말 힘들어 못살겠다"며 괴롭힌다.

앞서 말했듯이 선택의 주체도 '나'이고, 문제의 본질도 '나'이다. 남편이 돈을 많이 못 버는데도 일을 안 하는 엄마들도 많다. 일을 해야겠다고 선택한 주체는 분명 '나'다. 내 안에는 일을 좀 좋아하고, 살림만 하는 것보다는 '대리님'이라는 소리도 좀 듣고 싶고, 자아실현도 좀 더 하고 싶고, 외벌이로 궁핍하게 사는 것이 싫고, 아이 교육에만 신경 쓰는 자신의 모습이 싫고, 아이랑 오랜 시간을 보내면 왠지 불안해지는 '나'가 있기 때문이다.

맞벌이를 하려면 아빠들이 당연히 집안일과 육아를 도와야 한다. 어떠한 엄마도 일과 집안일, 육아를 혼자 해낼 수는 없다. 아빠들에게 하라고 하면 그렇게 못하듯, 엄마들에게도 마찬가지로 힘든 일이다. 요즘은 맞벌이 부부 중 남편이 아이도 돌보고 집안일도 하는 경우가 많다. 자신은 너무 바빠서 집안일과 육아를 할 시간이 전혀 없다고 말한다면, 가만히 자신을 들여다봐라. 집에 일찍 와서 집 안일이나 육아를 하는 것이 싫거나, 본인이 원해서 바쁜 것은 아닌지 자문해봐라. 아내가 일을 한다면 남편도 회식이나 야근을 줄여야 한다. 남편이 "어떤 회식은 진짜 가기 싫은데 어쩔 수 없이 갈 때도 있어. 또 어떤 회식은 나도 즐거워서 가기도 해. 하지만 줄이도록 노력할게. 반드시 가야 하는 회식은 내가 꼭 얘기할게. 그때는 좀 양해해주라"라고 솔직하게 말하면 아내도 그 마음을 이해할 것이다.

맞벌이를 하면서 육아나 집안일을 100퍼센트 잘해내는 엄마들도 가끔 슬럼프를 겪는다. 어느 순간 자기만 힘든 것 같고, 심술이 나서 집안일도 하기 싫고, 억울해서 아이를 돌보는 것도 귀찮을 때가 있다. 특별한 사건이 있는 것도 아닌데 문득문득 억울함이 생긴다. 이럴 때 특효약은 바로 '남편의 솔선수범'이다. 설거지가 산처럼 쌓여 있는 것을 보고도 너무 피곤해서 그냥 잠든 날 아침, 일찍 일어난 남편이 밥을 짓고 군말 없이 설거지를 하고 있을 때 아내는 감동한다. 그리고 에너지를 200퍼센트 충전하여 아침 식사를 차리고 아이를 돌보게 된다. 만약 남편이 집안일은 고사하고 밤늦게 술 먹고 들어와 옷도 갈아입지 않은 채 소파에 널브러져 누워 있었다고 하자. 이때 아내가 느낄 억울함은 상상을 초월한다. 아이들만 모델링이 일어나는 것이 아니다. 모델링은 부부 사이에도 일어난다. 아내는 남편이 아주 조금만 집안일을 해도 고마워하고 만족한다. 일하는 아내도 일하는 남편만큼 회사에서 바쁘다. 매일 바쁘다는 핑계만 대지 말고 아내에게 조금이라도 멋진 모습을 보여주었으면 좋겠다.

맞벌이 부부라면 육아나 집안일을 서로 협력해야 하는 것만큼이나 반드시 필요한 것이 있다. 신뢰와 공유, 존중이다. 신뢰가 없으면 많은 문제가 생긴다. 아빠들의 회사에 여자 직원이 있는 것처럼, 엄마들의 회사에도 남자 직원이나 거래처 남자 직원도 있다. 일하다 보면 이들과 전화도 주고받을 수 있고 회식도 하는 상황이 벌어진다. 의외로 이런 것에 굉장히 예민한 아빠들이 많다. 늦게 들어온다는 것만으로 의심하고 스트레스를 주는 것은 아내에 대한 신뢰가 부족하기 때문이다. 신뢰를 해주지 않으면 아내가 바깥일을 잘 해내기 어렵다.

공유 또한 반드시 필요하다. 엄마가 일을 하면 아이는 물론이고 아빠에게도 소홀해질 수 있다. 공유란 그런 것에 서운해하지 말라는 이야기다. 엄마가 일을 하는 것은 '엄마, 주부, 아내'라는 역할에 하나의 업무가 더 늘어나는 것으로 이해해야 한다. 따라서 당연히 조금씩 소홀해질 수 있다. 아빠들은 아내가 일을 하게 되면 이전보다 자신이 존중받지 못한다는 생각에 빈정 상하기도 한다. 그런 감정을 한번 품게 되면, 부부 사이가 좋을 때는 괜찮지만 좋지 않을 때는 사사건건 문제를 일으킨다. 아내에 대한 섭섭함이 가슴 밑바닥에 깔려 있기 때문에, 아내의 행동 하나하나가 마음에 들지 않는다. 엄마가 일을 할 때 아빠들은 시간이든, 여력이든, 마음이든, 부족해지는 것에 대해 이해하려고 노력해야 한다. 일하는 아내가 자신에게 신경을 쓰지 않는 것 같아 섭섭하다면 진심을 숨기지 말고 솔직하게 말해라. "여보, 나한테 그런 마음이 어디서 생기는지 모르겠지만, 나는 보살핌받고 싶은 마음이 좀 강한 것 같아. 그래서 요즘 이 상황이 좀 힘들어"라고 말하면, 문제가 바로 해결되지는 않더라도 마음은 훨씬 가벼워질 것이다.

마지막으로 필요한 것은 존중이다. 일하는 배우자의 벌이나 사회적 인식이 대단해 보이지 않더라도, 그 일의 의미와 가치를 존중하자. 모든 일에는 그 노동을 함으로써 생기는 가치들이 있다. 작은 일이라도 가치를 부여하고, 좋은 라벨을 붙여주어야 한다. "당신이 이렇게 해주니까 정말 고마워. 당신이 하는 일은 정말 의미 있어"라고 존중해주지 않으면, 아내들은 멀티플레이를 할 힘이 생겨나지 않는다. 마지못해 하고, 죽지 못해 사는 것이 될 수도 있다. 그 힘의 원천은 자기 안에서 나오기도 하지만, 배우자나 가족이 불어넣어 주어야 하는 면도 크다.

맞벌이를 할 때, 아빠들은 특히 "그렇게 걱정되면 직장 그만둬"라는 말을 조심해야 한다. 일하는 엄마들은 아이에 대한 본질적인 죄책감이 있기 때문에 습관적으로 아이를 걱정한다. 아빠들은 답이 안 나오는 대화 상황에서나 혹은 자신한테 화살이 돌아올까 봐 선수 치듯 그런 말을 해버린다. 대부분 아무런 대안도 없이 말부터 내뱉고 보는 경우가 많다. 엄마한테 이런 아빠는 당연히 무책임하고 대책 없는 남편으로 보인다. 맞벌이를 할 때는 누가 돈을 더 벌고 덜 벌고를 떠나서 상대방의 일에 대한 기본적인 존중과 배려가 반드시 필요하다. 이런 면에서 전업주부인 엄마들도 남편이 늦게는 들어오는데 벌이가 시원치 않다고 "차라리 내가 버는 것이 낫겠다. 당신이 애 봐"라고 말해서는 안 된다. 일에는 경제적인 의미도 있지만, 자기의 이상 실현과도 관련이 있다. 많이 벌고 못 벌고로 판단할 수 있는 가치가 아니다.

배우자를 육아 동지에서 적으로 만드는 말

Stop Daddy!

· 너는 엄마가 되어서 왜 그러니….

· 내가 돈 벌어오라고 했어? 당신이 좋아서 나갔지!

· 고작 그것 벌려고 아이랑 남편은 맨날 뒷전이야.

· 다른 여자들은 잘만 하던데, 당신은 왜 그렇게 힘들어해?

Stop Mommy!

· 당신이 잘 벌어 왔어 봐. 내가 이 고생을 하나.

· 당신이 애 좀 보지 그래.

· 내가 진짜 마지못해 당신이랑 사는 줄 알아!

다 비슷비슷하지
뭘 그렇게 고민해!

open daddy's heart

비슷비슷한 곳 중 저렴한 곳을 고르는 것이 나쁜 걸까? 앞으로 살 걱정을 해야지, 대책도 없이 좋은 곳만 찾으면 어쩌겠다는 거야. 언제까지나 아이를 끼고 키울 수도 없는데 보낼 때 되면 눈 딱 감고 보내야지. 쓸데없이 걱정만 한다고 문제가 해결되나? 그렇게 걱정되면 아무 데도 보내지 말든지.

조금이라도 좋은 곳에 맡겨야지
무슨 소리야!

open mommy's heart

왜 이렇게 마음에 드는 데가 없는 거야. 요새 어린이집이나 유치원은 다들 저러나? 분위기 좋고 안전한 곳으로 보내야 되는데 도대체 믿을 수가 없네. 대책 없는 남편은 아무 곳이나 보내라고 하고, 어쩜 저렇게 무책임하게 말하는지 몰라. 저 사람은 아빠가 돼서 불안하지도 않나 봐.

아빠들은 엄마들에게 "참 서운해. 너무 무심해. 당신이 언제 우리한테 신경 한 번 제대로 쓴 적 있어?"라는 말을 참 많이 듣는다. 특별히 그런 의도로 한 행동이 아니었음에도 불구하고 엄마들은 사사건건 "당신이 그러면 그렇지. 신경 써 주는 게 이상하지"라며 가슴 깊은 원한(?)이라도 있는 양 비난한다. 아빠들은 엄마들의 이런 태도를 보며 "도대체 내가 뭘 잘못했다는 거야?"라며 억울함을 느낀다.

엄마들이 아이와 자신을 한 팀으로 묶고는 남편에게 "서운하다"고 말하는 것은 산후조리원을 고를 때부터 시작된다. 아빠들이 보였던 시큰둥한 태도인 "비슷비슷해 보이는데 대충 고르지" "여기는 왜 이렇게 비싸? 며칠 있다 나갈 텐데 너무 비싼 것 아니야?"에서 첫 서운함이 시작된다. 산후조리원은 엄마와 아이가 처음 몸을 담는 기관으로, 무섭고도 설레는 출산을 마침내 마치고 머무는 곳이다. 아빠가 생각하듯 단지 며칠 머물다 가는 숙소가 아니다. 엄마는 산후조리원 선택에서부터 아빠가 갖는 내 아이에 대한 사랑의 깊이를 가늠하기 시작한다. 이때 아빠가 무심하게 굴면 내 아이에게 무심한 사람으로 낙인찍는다. 엄마들이 아이가 맡겨지는 곳에 민감한 것은 보살핌 본능 때문이다. 더 안전한 곳, 더 편안한 곳을 찾는 것은 엄마들의 무의식적인 본능이다. 이때 무심한 듯 행동하는 아빠는 아이의 안전을 걱정하지 않는 사람, 나의 불안에 관심이 없는 사람으로 여겨진다. 아빠들은 가능한 한 아이와 관련된 것에 기본적인 성의를 보여야 한다. 알아보거나 방문하는 과정에서 바쁘다는 핑계로 몸을 빼서는 안 된다. 부모라면 아이와 관련된 모든 것의 가치를 가장 중요하게 생각하는 자세가 필요하다. 아이가 자라면서 펼쳐지는 다양한 양육의 과정을 어떤 형태로든 공유하려는 노력을 반드시 해야 한다.

아내가 임신을 한 순간부터 아이와 관련된 중요한 일을 서로 의논하고 공유하지 않으면 나중에 아빠로서 자리매김하는 데 큰 어려움을 겪을 수 있다. 엄마들은 그때의 서운함을 고이고이 간직해두기 때문에, 한동안 무관심하던 아빠들이 아이에게 관심을 보이려고 하면 마땅한 정보를 주지 않는다. 엄마가 고등학교에 다니는 딸아이의 공부 때문에 "수리 가·나" 할 때, 아빠가 "그게 뭐야?"라고 물으면 "모르면 좀 가만히 있어" 하면서 쏘아붙인다. 아이도 자기의 생활을 전혀 모르는 아빠와 대화하는 것을 꺼린다. 아빠와 아이의 관계, 아이와 관련된 아내와 남편의 관계가 산후조리원, 어린이집, 유치원을 고를 때부터 시작된다는 것을 잊지 마라. 발 벗고 나설 수 없다면 성의를 보이는 행동이라도 해야 한다. 한 번 정도는 같이 가보고, 몇 군데 중에서 골라보라고 할 때는 진지하게 설명도 듣고 성의 있게 들여다보기라도 해라. 그럴 여유조차 없다면, "당신 알아서 좋은 곳으로 선택해"라는 말이라도 해줘야 한다. 아이나 아내와의 관계에 훨씬 좋은 영향을 줄 수 있다.

아이가 있을 만한 산후조리원이나 어린이집, 유치원을 알아보다 보면 아빠들은 엄마들이 느끼는 공포 수준의 불안에 깜짝 놀라곤 한다. 이런 불안은 특히 취학 전 아이를 가진 엄마들에게 심하게 나타나는데, 아이는 초등학생만 돼도 자신이 겪은 것을 엄마에게 이렇다 저렇다 말하지만, 어릴 땐 자신이 겪는 일에 대해 제대로 설명할 수 없기 때문이다. 그런데 엄마들이 이런 불안을 피력하면 아빠들은 "괜찮아. 다른 애들도 다 다니잖아. 그렇게 걱정되면 보내지 말든지"라고 대꾸한다. 엄마들은 자신의 불안을 공유해주지 않으면 굉장히 서운해한다.

서운하면 분노가 생기고, 아빠를 믿을 수 없다는 불신이 생겨 아이를 키우면서 처리해야 할 중요한 일을 남편과 의논하지 않는다. 아이를 맡기게 될 때는 엄마들이 갖는 불안을 당연하게 여기고, 그 마음에 공감해주어야 한다. 공감하고 같이 걱정만 해주어도 엄마들이 그에 마땅한 답을 찾아간다. 절대 엄마가 가진 불안을 무시해서는 안 된다.

하지만 엄마들도 자신의 불안을 무한정 키워서는 안 된다. 이런 행동은 자신은 물론이거니와 아이를 비롯한 가족 구성원들에게 전혀 도움이 되지 않는다. 불안을 줄이려면 이곳저곳 잘 알아보고 보낸 후, 어느 정도 믿는 노력이 필요하다. 주변의 평가도 참고하는데, 한 사람의 의견만 듣지 말고 한 기관당 10명 정도의 평가를 들어본다. 그중 8~9명이 괜찮다고 하면 믿어도 된다.

불안한 사람은 자신의 마음에 들지 않는 사소한 것 하나에 지나치게 집착하는 경향이 있다. 내 마음을 100퍼센트 만족시키는 기관은 없을 수 있다. 그것은 엄마가 자기 아이를 돌본다고 해도 마찬가지다. 본인도 본인을 100퍼센트 만족시키지는 못한다. 몇 년간 한 장소에서 그 유치원이나 어린이집이 운영되었다면 분명 주변의 평판이 있을 것이고, 그 평판을 토대로 내가 직접 방문해 교사를 만나보고 시설을 살핀 뒤 결정하면 된다. 교사를 만났을 때는 교사가 어디 출신인가를 볼 것이 아니라 어떤 사람인가를 봐야 한다. 교사가 아이를 돌보는 모습을 곁에서 지켜보면, 인격 장애가 있어서 엄마를 작정하고 속이지 않는 이상 대체로 믿을 만한 사람인지 알게 된다. 이것저것 살펴보고 모든 점검이 끝나 가장 적당하다고 생각되는 기관에 보내기로 결심했다면, 그다음에는 지나친 걱정은 접어두고 그 기관을 믿어주어야 한다.

앞서 시어머니나 친정어머니에게 아이를 맡길 때 조언했던 것처럼, 아이의 안정을 위해서는 아이가 다니게 될 그곳이 엄마가 믿고 좋아하는 곳이라는 인상을 주어야 한다. 즉, 선생님들이 엄마처럼 좋은 사람이라는 생각을 아이에게 전해야 한다. 그렇게 하여 일단 아이를 보냈다면, 이제는 어린이집을 믿는 것처럼 아이도 잘 해낼 것이라고 믿어준다. 어떤 엄마들은 어린이집에 감기가 돌고 있다는 정보를 입수하면 2주건 한 달이건 아이를 보내지 않는다. 그래서는 안 된다. 절대 감기에 걸리면 안 되는 아이들을 제외하고는 감기에 걸릴 가능성이 있어도 보내야 한다. 또 어린이집에서 아이가 조금만 다쳐도 지나치게 항의하고 안 보내겠다고 하는 엄마들이 있다. 그래서도 안 된다. 친구랑 놀다가 넘어져보기도 해야 "밀지 마"라는 말도 배운다.

인생에서 우리가 꼭 겪어야 하는 위기는, 불안해해도 찾아오고 불안해하지 않아도 찾아온다. 이렇게 반드시 겪을 수밖에 없는 일은 대처 방법을 익히면서 겪어가고, 그 과정 속에서 더 나은 사람이 되면 된다. 무언가 닥칠까 봐 아이에게 어떤 것도 시키지 않으면 결국 아이는 인생에서 값진 것을 배울 수 있는 소중한 기회를 잃게 된다. 엄마 혹은 아빠의 불안 때문에 아이가 살아가는 데 필요한 여러 가지를 배울 수 있는 기회를 빼앗으면 안 된다.

배우자를 육아 동지에서 적으로 만드는 말

Stop Daddy!

· 다 비슷비슷하구만, 뭘 유난이야.

· 그렇게 걱정되면 보내지 말든지.

· 그 사람들이 무슨 악마야? 아주 소설을 써요.

· 괜찮아. 다른 엄마들은 다 바보야?

Stop Mommy!

· 그러면 그렇지. 당신이 신경 쓰는 것이 이상하지.

· 대충 말하지 좀 마. 당신이 뭘 알아?

· 무슨 아빠가 저렇게 무심해.

· 매일 돈, 돈, 돈! 이게 나한테 쓰는 돈이야?

아이한테
돈은 안 줄수록 좋아.

open daddy's heart

생활비도 절약 못 하는 사람이 아이 용돈 관리는 잘할 수 있을까? 애들이 어릴 때부터 돈을 알면 안 좋은데, 아예 용돈을 안 주는 게 낫지 않을까? 사실 애가 무슨 돈이 필요하겠어. 사달라는 거 다 사주는데…. 용돈 주면 그날 홀라당 다 써버릴 거야.

우리 애만 없으면
불쌍해 보이잖아.

open mommy's heart

꼭 필요한 곳에만 돈을 쓰고 절약해서 저축하는 습관을 가르쳐주고 싶은데, 어떻게 해야 할까? 아직 어려서 용돈을 주면 한 번에 다 써버릴 것도 같은데…. 그래도 다른 엄마들은 다 주는데, 우리 아이에게만 안 주는 것도 문제이지 않을까?

엄마 아빠들은 아이가 돈을 헤프게 쓰는 문제로 많이 부딪힌다. 서로 '당신 닮아서' '당신이 그 따위로 돈을 펑펑 쓰니까' 아이가 그런다며 싸운다. 아내는 남편에게 생활비 씀씀이를 추궁받고, 남편은 어젯밤 쓴 술값 때문에 막다른 길로 몰려 서로의 경제관념을 의심한다. 그러면서 한편으로는 이런 상황에서 아이에게 어떻게 올바른 경제관념을 심어주어야 할지도 고민한다. 부모들은 아이에게 꼭 필요한 물건을 구입하고 저축하는 좋은 생활 습관을 심어주고 싶어 한다. 그러려면 아이에게 돈을 줘봐야 한다. 엄마 아빠는 아이가 돈을 헤프게 쓰면 어쩌나 하는 불안감에 용돈을 주지 못하는데, 경제관념을 가르치려면 아이 스스로 돈을 가져봐야 한다. 호랑이를 잡으려면 호랑이 굴로 들어가야 하는 것처럼 말이다.

초등학교 3, 4학년 정도면 하루 500원씩 계산해서 일주일에 2,500~3,000원을 넘지 않게 주는 것이 좋다. 처음에는 용돈을 매일매일 준다. 아이들은 돈 관리를 잘 못 하기 때문에 한 번에 다 주면 한꺼번에 써버린다. 아이가 매일 주는 용돈을 잘 관리한다 싶으면, 이틀에 한 번, 사흘에 한 번, 일주일에 한 번꼴로 준다. 용돈을 주면 아이가 돈을 잘못 쓰는 경우도 종종 벌어진다. 이럴 때 우리나라 부모들은 그 즉시 아이의 돈을 모두 회수해버리고 용돈을 주지 않는 극단적인 방법을 취한다. 그렇게 하면 경제관념을 배울 수 없다. 그래도 다시 기회를 줘서 용돈 관리를 시켜야 한다. 아이가 뭔가 잘했을 때 주는 돈은 용돈이 아니다. 이것은 보너스 개념으로, 아이는 자기가 한 착한 행동을 모두 돈으로 바꾸려 하기 때문에 매번 적용하면 바람직하지 않다. 따라서 고쳐야 하는 문제 행동을 목표로 삼고, 계획을 세워 보너스를 주어야 한다. 예를 들어 아이가 벗은 옷을 정리하지 않는다면, "옷을 잘 걸어두면 보너스를 주마"라고 한 다음 약속을 지킨다. 보너스를 주는 착한 행동은 일단 한번에 한두 개로만 제한한다. 이렇게 하면 이틀 용돈을 모으고 보너스를 보태서 샤프를 사는 등의 경제활동을 경험할 수 있다.

아이는 돈 관리를 아주 어릴 적 부모가 하는 것을 보고 많이 배운다. 절약하는 습관 자체는 부모의 모델링 효과가 가장 크다. 저축을 어떻게 하고, 생활비를 어떻게 분배하고, 물건을 살 때는 어떻게 하고, 전기나 수도를 어떻게 절약하는지는 아이가 생활하는 환경 속에서 부모의 모습을 보고 자연스럽게 몸에 익히기 때문이다. 무조건 더 싸게 파는 것을 사기 위해 차를 타고 멀리 가는 것은 교통비와 시간 낭비일 수 있다. 물건을 살 때는 지금 나에게 필요한 가치를 생각해보고 거기에 따라서 행동해야 한다. 저렴하게 사는 것보다 시간을 절약하는 것이 더 중요한 사람은 조금 비싸더라도 가까운 곳에서 물건을 구입하는 것이 바람직하다. 하지만 시간적인 여유가 있고 그리 먼 곳까지 가서 구입하는 것이 아니라면, 이왕이면 저렴하게 사는 것이 맞다. 아이가 초등학교 고학년이 되면 아이를 앉혀놓고 구체적으로 우리 집 경제 상황을 얘기해준다. 엄마 아빠가 벌어오는 돈이 얼마이며, 꼭 지출해야 하는 것과 예금을 빼고 나면 남는 돈은 이만큼이며, 그 돈으로 한 달을 살아가야 한다는 것을 알려주는 것이다.

그렇다면 대부분의 엄마 아빠는 아이에게 모델링할 만한 모습을 보여주고 있을까? 안타깝게도 그렇지 못한 경우가 많다. 아빠들은 예기치 않은 상황에서 아이들에게 돈을 곧잘 준다. 그것을 자기 권위라고 생각한다. 아이들이 사달라고 하는 장난감, 옷에는 덜컥 선심을 쓰다가, 정작 교육에는 "그 학원이 얼마짜린데? 계속 그렇게 성적도 안 오르면 다 집어치워"라는 말을 한다. 아이를 성장시키고 교육시키는 과정은 마음먹은 대로만 되지는 않는다. 따라서 그것에 '돈'의 가치를 대입해서는 안 된다. 아빠들도 돈을 규모 있게 써야 한다. 기분에 따라 펑펑 쓰는 것은 당연히 안 된다. 그러다가는 정말 나중에 돈이 없어서 학교를 못 보내는 사태가 벌어질 수도 있다. 돈을 아껴 쓸 때는 어느 항목에서 아껴 써야 하는지를 결정한다. 꼭 지출이 필요한 항목에서조차 절약을 부르짖으면 가족 구성원의 원성을 사게 된다. 교육비는 꼭 지출이 필요한 항목이고, 의류비는 절약해야 하는 항목으로 정해놓았는데, 한도를 넘은 상태에서 아이가 옷을 사달라고 하면 "아빠도 너한테 새 옷을 하나 사주고 싶어. 그런데 그것을 사주면 다음달 영어 학원비가 좀 모자랄 것 같아"라고 솔직하게 말해주는 것이 필요하다. 아빠 혼자만 속으로 고민하면서 아내와 아이에게는 "돈이 어딨어! 안 돼!" 하는 것은 바람직하지 않다. 집안 경제 사정을 터놓고 의논하듯 말하면, 자기가 사고 싶은 것을 사지 못하더라도 아이나 배우자가 느끼는 상실감이 적다.

엄마들은 살림에서는 대부분 알뜰하다. 거의 전문적인 첩보원 수준이다. 동네 슈퍼 중 우윳값이 100원 더 싼 곳이 어디인지 꿰고 있고, 여러 인터넷 쇼핑몰을 넘나들며 가격 비교는 물론이고 카드 할인, 각종 쿠폰 할인들을 이용하여 같은 제품이라도 놀랄 만큼 싸게 구입한다. 하지만 아이에게 본을 보여줄 만한 경제 관념을 가졌다고 할 수는 없다. 왜냐하면 엄마들 또한 돈을 규모 있게 쓰지 못하기 때문이다. 엄마들은 아이에게 좋은 것이라면 뭐든 아까워하지 않는데, 특히 교육과 관련된 것에서 그런 양상을 보인다. 바로 사야 하고, 아무리 비싸도 빚을 내서라도 사야 한다. 아이에게 필요하다면 경제 상황을 생각하지 않고 무리하는 경향이 있다. 아빠들은 이런 소비 패턴을 가진 아내의 알뜰함을 근본적으로 잘

못되었다고 생각한다. 꼭 필요하지도 않은 물건을 사면서 가장 저렴하게 사면 뭐하냐는 말이다. 그러다 보니 아빠들은 엄마들이 돈만 쓰면 자동적으로 "쓸데 없이"라는 말부터 나온다.

　부부는 돈 때문에 참 많이 싸운다. 그런데 가만히 살펴보면 부부가 돈만큼 허심탄회하게 이야기를 나누지 않는 부분도 없다. 돈에 대한 자신의 생각이나 현재 상황에 대해 배우자와 너무 소통을 하지 않는다. 돈과 관련된 문제에서는 다른 문제보다 쉽게 감정이 상하고 화를 낸다. 아빠들이 돈이 없다는 말을 죽어도 못하는 것은 '돈＝자존심'이라고 생각하고, 엄마들이 돈을 안 주겠다는 남편의 말을 쉽게 받아들이지 못하는 것은 '돈＝사랑'이라는 말도 안 되는 등식을 가지고 있기 때문이다. 자본주의 사회에서 돈은 정말 중요하지만, 우리에게 불편함을 주지 않을 정도로 잘 조정해야 하는 '수단'이지 '목적'은 아니다. 아빠가 돈이 없다고 절대 우스워 보이지도 않고, 그렇게 생각해서도 안 된다. 또한 삶을 위해서 씀씀이를 조정할 뿐이지 돈과 아내에 대한 사랑, 아이에 대한 사랑이 비교될 수는 없다.

　아내가 아이 교육을 위해 어떤 교재를 사자고 했을 때 "No!"라고 말한 이유를 남편은 솔직하게 말하지 않았다. 아내 또한 그 교재를 꼭 사고 싶은 이유를 솔직하게 털어놓지 않았기 때문이다. 남편은 "아이 교육에 들어가는 돈만큼은 아깝지 않다고 생각해. 그런데 우리 생활비 규모로 봤을 때 이건 너무 큰 돈이야. 이걸 구입하게 되면 다음 달에 이런저런 문제가 발생할 수도 있을 것 같아"라고 말을 해야 한다. 엄마는 "내가 이런저런 교재를 사고 싶은 이유는 옆집에 사는 우리 아이 또래가 그 교재를 사용하고 있는데, 솔직히 내 아이만 안 시키자니 불안한 마음도 들어서야"라고 아주 솔직하게 마음을 털어놓아야 한다. 적당히 자신을 포장하면서 "이걸 하면 똑똑해진다는데, 부모면 당연히 사줘야 하는 거 아니야?"라고 하지 말고 말이다. 소통을 하지 않으면 남편은 아내를 '벌이는 생각지도 않는 씀 씀이가 헤픈 여자'로, 엄마는 아빠를 '자기 술값으로 20~30만 원은 잘도 쓰면서 내가 사자는 것은 안 사주는 이기적인 남자' 내지는 '나와 내 아이를 사랑하지 않는 남자'로 오해한다. 아이 생활 습관의 대부분은 부모로부터 영향을 받은 것이다. 어느 한 부모의 모습을 배우는 것이 아니라 아이는 두 사람의 행동을 꼼꼼히 보고 섞어서 배운다. 두 사람 모두 건강한 소통을 하면서 올바른 경제습관을 갖지 않는 한, 아이에게 좋은 경제습관을 일러주기는 어렵다.

우리 아버지는 굉장한 구두쇠였다. 돈은 물론이고 뭐든지 아끼셨다. 전기를 아끼신다고 지금도 밤에 손전등을 들고 화장실에 가신다. 어릴 적 나는 피아노를 참 잘 치고 좋아했다. 내 소원은 피아노를 갖는 것이었다. 그 당시 피아노는 부잣집에만 있었는데, 그때 아버지는 나를 가만히 앉혀놓고 이런 말씀을 하셨다. "사실 아버지는 너에게 피아노 사줄 돈이 있단다. 그럴 능력은 있어. 그런데 사주지 않는 것은 네가 이다음에 대학도 가고 유학도 가고 할 때 많은 돈이 필요하거든. 그때를 위해서 돈을 모아두는 거야. 돈이 없어서는 아니야"라고 잘 설명해주셔서, 피아노를 사주시지 않았던 것이 그렇게 섭섭하지는 않았다.

내가 중학교 때는 사람들이 여가 생활로 하나둘 스키를 타러 다니는 시점이었고, 나도 스키를 타고 싶었다. 한번은 "스키 타는 사람 참 좋겠다"라는 소리를 했는데, 우리 아버지가 그 말을 듣고는 "너 지금 치과 다니잖아. 그 돈이면 스키 용품을 풀세트로 살 수 있어. 아버지가 돈이 없어서 스키를 안 사주는 것이 아니야. 지금 너에게는 치과 치료를 받는 것이 훨씬 중요하기 때문이야"라고 말씀해주셨다. 아버지는 내가 사달라는 대로 뭐든 사주시지는 않았지만, 권위적으로

309

행동하지 않고 그때그때마다 아내나 자식이 서운하지 않도록 사줄 수 없는 이유에 대해 하나하나 설명해주셨다. 지금도 그 점을 참으로 감사히 여긴다. 아버지는 아내와 자식과 항상 소통을 하셨기 때문에, 자식이 사달라고 하는 것도 안 사주는 '인정머리 없는 아버지'가 아니라 '자식을 위해서 미리 준비할 줄 아는 분'으로 존경스럽게 기억되고 있는 것이다.

한 가지 주의할 것은 집안 경제 상황을 운운하며 너무 야박하게 굴지는 말라는 것이다. 아이가 해달라는 것을 모두 사주라는 것이 아니라, 아이들 사이에서 일반적인 것은 좀 해주라는 뜻이다. 부모들은 아이들에게 휴대폰을 사주느냐 사주지 않느냐 가지고도 많이 부딪힌다. 초등학교 고학년이라고 꼭 휴대폰이 필요한 것은 아니지만 휴대폰으로 사회적 상호작용을 하는 것이 현실이다. 때문에 상황이 된다면 사주는 것도 괜찮다. 대신 "너에게 아직 휴대폰은 필요 없어. 하지만 대부분의 아이들이 갖고 있고, 너만 없으면 박탈감을 느낄까 봐 사주는 거야. 잘 관리하고 요금은 이 정도 안에서 써라" 하고 설명해주는 것이 필요하다. 그러면 아이들은 부모에게 고맙기도 하고, 약간 미안하기도 하고, 내가 이렇게 필요로 하는 것을 부모가 알아줬다는 것을 뿌듯하게 생각한다. 너무 고지식한 잣대를 들이대며 무조건 안 된다고 하거나, 검소하게 키운다는 명목하에 그 또래의 아이들이 일반적으로 느끼는 욕구를 무시하면 아이는 부모와의 관계에서 결핍을 느끼게 된다.

돈 문제로 싸우다 보면 감정적이 되어 배우자를 헐뜯고 욕하게 된다. 이 점은 정말 조심해야 한다. 특히 아이 앞에서 서로를 욕해서는 안 된다. 아이들 입장에서 부모는 자기의 근원, 즉 뿌리다. 아이는 부모가 어떤 사람이건 반반씩 닮아서 태어난 사람이기 때문이다. 화가 나서 남편한테 막 퍼붓고 난 뒤 아이에게 "어떻게 너는 네 아빠랑 하는 짓이 똑같니"라고 하면, 아이는 '내 속에 나쁜 피가 흐르고 있구나'라고 생각한다. 때문에 아이 앞에서 배우자를 비난하는 것은 곧 아이를 비난하는 것과 같다. 만약 남편이 어제 술자리가 있어서 돈도 좀 쓰고 귀가도 늦었다고 하자. 그럴 땐 그 사안에 대해서만 말하고 아빠의 인격 자체를 흠잡지 말아야 한다. 우리나라 부모들은 자신의 현실적인 모습, 솔직한 걱정을 노출하는 것에 두려움이 있다. 정말 건강한 자존감을 가진 사람은 자신의 부족한 면이 드러나도 별로 상처받지 않는다. 부족한 면이 발견되면 인정하고 변화시키려 하지, 그것을 두려워하지 않는다. 부모가 되었다면, 자신의 본연의 모습을 찾고 건강한 자존감을 갖기 위해 노력을 아끼지 않아야 한다.

배우자를 육아 동지에서 적으로 만드는 말

Stop Daddy!

· 당신 닮아서 애가 돈 개념이 없어.

· 애가 무슨 돈이 필요해? 필요한 것 다 사주는데….

· 어찌나 펑펑 쓰시는지, 내가 아주 돈 주기가 무섭다.

Stop Mommy!

· 개념이 없긴 누가 없어! 당신이 더 심하지.

· 내가 얼마나 아끼는 줄 알아? 안 아끼면 당신이 주는 쥐꼬리만 한 월급으로 생활이 되는 줄 알아?

· 왜 그렇게 사람이 야박해?

계속 지원하는 것이
의미가 있을까?

open daddy's heart

왜 나한테 이런 아이가 태어났을까? 우리 집안에는 이런 아이가 없는데…. 이런 아이한테 계속 지원을 하는 것이 합리적일까? 오히려 이다음에 아이가 쓸 돈을 저축해두는 것이 낫지 않을까? 아내는 마음 아파하면서 집착하지만, 효과 없는 치료는 중단하고 이성적으로 생각해야할 것 같아.

나 때문에
우리 아이가 이런 것 아닐까?

open mommy's heart

내가 뭘 잘못했기에 우리 귀한 아이에게 이런 시련이 닥친 걸까? 분명히 나 때문이야. 내가 뭘 잘못 먹었거나 건강하지 못해서 멀쩡할 수 있는 아이가 이런 시련을 겪는 거야. 미안하다, 아가야. 엄마는 무슨 수를 써서라도 반드시 널 지켜줄 거야. 엄마는 널 위해서 살 거야.

2년 전부터 우리 병원에서 치료를 받고 있던 자폐증을 앓는 여덟 살 아이의 아빠가 치료를 중단하겠다는 의사를 밝혔다. 아이의 상태가 조금 나아지기는 했지만 여전히 꾸준한 치료가 필요한 상태였다. 나는 그 아빠에게 치료를 중단하려는 이유를 물었다. 더불어 이 아이에게는 아직 의료적 지원이 필요하다는 정보도 주었다. 그 아빠는 "해봐야 소용없지 않을까요? 괜한 돈 낭비인 것 같아서요"라고 대답했다. 아이 엄마는 이 문제로 아이 아빠와 다툼이 있었는지, 눈이 퉁퉁 부은 상태로 와서는 입술을 꽉 물고 있었다. 나는 그 아빠에게 물었다. "만약 이 아이가 영재였다면, 영재 교육을 안 시키실 겁니까? 아이가 언어 능력이 무척 뛰어나서 누군가 외국으로 가는 영어 연수를 꼭 보내야 한다고 추천했다면, 아버지는 보내지 않으실 겁니까?" 그러자 아빠는 헛기침을 한 번 하더니 "그런 상황이라면 당연히 보냈겠죠"라고 대답했다. "그렇다면 이 아이한테도 그 정도의 투자는 해야 하는 것 아닙니까? 아이가 못났건 잘났건 아이를 지원하는 것은 부모의 역할입니다."

아이에게 장애가 있을 때 많은 경우 엄마는 죄인이 되고 아빠는 죄인을 마지 못해 용서해주는 판결관이 된다. 아이는 엄마 뱃속에서 나오기 때문에 못났건 잘났건 그 아이는 엄마의 분신이다. 분명 아빠와 50:50으로 아이를 만들었음에도 아이가 장애를 갖고 태어나면 엄마 탓이라고 생각하는 경향이 많다. 과학적으로 봤을 때 이는 당연히 엄마만의 탓이 아니다. 아니, 몇 가지 장애는 아빠 쪽 유전자가 결정적인 작용을 하는 경우도 많다. 하지만 엄마는 물론이고, 아빠까지 그것을 엄마 잘못이라고 생각한다. 그러다 보니 아이에게 장애가 있을 때 엄마들은 근원적인 죄책감에 시달린다.

아이에게 장애가 있거나 생명을 좌우할 만큼 심각한 질환이 있는 것은 어찌 보면 경제적인 문제보다 더 큰 위기다. 이런 위기에 처하면 가족 안에서는 '다브 다 반응(dabda reaction)'이 나타난다. 처음에는 어느 집이나 부인한다(Denial). "우리 아이가 절대 그럴 리가 없어. 우리 애가 어떻다고 그래? 다른 데 가보자" 라고 반응한다. 다음 단계에서는 화를 낸다(Angry). "어떻게 우리한테 이런 일이 있을 수가 있어? 살면서 나쁜 짓 한 번 한 적도 없는데. 다들 아무 일 없이 잘 살 잖아" 하면서 세상에 대한 엄청난 분노를 드러낸다. 또한 이 단계에서 그동안 서운했던 처가 혹은 시가에 대한 불만도 터진다. 엄마들의 경우 "나 임신했을 때 당신이 조금만 잘해줬어도, 시가에서 나를 조금만 배려해줬어도 내가 그렇게 스트레스를 받지는 않았을 거야! 그럼 우리 애가 건강했을 텐데, 이게 전부 당신 탓이야!"라며 원망한다. 다음 단계에서는 협상을 한다(Bargain). '아이만 낫게 해준다면 뭐든 하겠다'는 자세가 되어 종교에 몰두하고, 전국 방방곡곡의 점쟁 이를 찾아다닌다. 이상한 민간요법을 쓰기도 하고, 각종 명의도 만나본다. 그러 다가 다음 단계에서는 굉장히 우울해진다(Depress). 이 단계에서 아빠들은 술 독에 빠지기도 하고, 엄마들은 괴로움을 잊기 위해 돈을 쓴다거나 바람이 나기 도 한다. 또 아이한테 지독하게 화를 내기도 한다.

아이가 좀 클 경우, 아이는 건강하지 못한 자기로 인해 집안이 위기를 맞게 된 것을 보며 죄스러워한다. '차라리 내가 죽는 게 낫겠다. 나만 없으면 우리 부모 도 행복하지 않을까'라는 생각에 극단적인 결심을 하기도 한다. 이 단계에서는 아이를 위해서라도 부모가 서로 격려하며 건강하게 살 수 있도록 노력해야 한 다. 우울한 단계를 잘 극복하면 결국, 이 상황을 순순히 받아들인다(Accept). 그 런데 많은 가족이 5번째 단계까지 이르지 못한 채 해체된다. 엄마가 도망가거나 아빠가 이혼을 요구하기도 하고, 시가에서는 엄마에게 아이만 데리고 나가라고도 한다.

　사례로 든 아이의 아빠 또한 네 번째 단계인, 부부가 모두 우울해지고 자포자기하는 단계를 넘어서지 못했다. 많은 아빠들이 이 단계에서 아이의 치료를 포기한다. 돈이 없어서가 아니라 돈을 들여봤자 나을 문제가 아니라는 이유에서다. 아빠들 중에는 의사, 변호사 등 직업이 번듯하고 연봉이 꽤 높은 전문직도 많다. 이런 아빠들이 아이의 치료를 중단하겠다는 말의 의미는 모자란 자식을 지원하지 않겠다는 것이 아니라, 차라리 치료에 들어갈 돈을 아껴서 이다음에 아이가 혼자 살아갈 때 주겠다는 것이다. 아이의 장애에 대한 지원에서 '효율성'을 따지는 것이다.

　치명적인 질환이 있거나 장애가 있는 아이들을 치료하고 교육시키는 것은 성과와 상관없이 부모가 해야 하는 최선이다. 아이에게 아무 변화가 없더라도 부모는 부모니까 반드시 최선을 다해야 한다. 돈이 없어서 어쩔 수 없이 치료를 포기하는 경우가 아니라면 절대 포기해서는 안 된다. 치료를 해봤자 뾰족한 효과가 보이지 않는 것 같다며 치료를 중단하겠다는 아빠는, 본인은 아니라고 하겠지만, 나는 아이를 사랑하지 않는 것이라고 본다. 아이에 대한 부모의 사랑은 조건이 없어야 한다. 아이가 잘났건 못났건 사랑해주고 최선을 다해야 한다.

　아빠가 이렇게 나오면 엄마와는 당연히 사이가 안 좋아진다. 이혼한 것보다도 못하게 사는 부부들이 많다. 때때로 엄마들은 정말로 이혼하고 싶다고 말한다. 하지만 아이를 돌보기 위해서는 더럽고 치사해도 경제적 지원을 받아야 하기 때문에 이혼할 수 없다고 고백한다. 물론 헌신적인 아빠들도 많다. 나는 치료가 필요한 아이를 위해 투잡(두 가지 직업)도 모자라 포잡(네 가지 직업)까지 하는 아빠도 봤다. 도움이 필요한 아이를 위해서 자신이 할 수 있는 성공의 기회를 잠시 접는 아빠들도 많다. 많은 경우, 치료가 필요한 아이를 대하는 부모의 태도는 얼마나 좋은 대학을 나와서 얼마나 많은 연봉을 받느냐와는 별개의 문제다. 그것은 개인이 가지고 있는 철학의 문제다. 내가 이 아이를 어떤 시각으로 바라보고, 부모로서 어떤 역할을 해주어야 하는지에 대한 가치관이 올바르게 정립되어 있느냐로 결정되는 철학의 문제인 것이다.

장애가 있는 아이를 키우는 것은 감당하기 버거운 큰 짐을 평생 어깨에 짊어지고 사는 것과 같다. 현실이 너무 척박하고, 몸도 마음도 굉장히 힘들 것이다. 그래서 어떤 위로도 모두 공염불 같은 말로 들릴 것이라는 걸 잘 안다. 하지만 부모라는 이름으로, 한 인간에게 평생 사랑을 주기 위해 최선을 다해보는 경험은, 인간으로 태어나 감히 최고라고 할 만큼 가치 있는 일이라고 생각한다. 인생에서 완수해야 하는 큰 사명을 해나가는 과정에서 인간으로서 더 성장하고 성숙되어 갈 것이다.

'앞으로 어떻게 될까? 내가 늙으면 이 아이는…' 장애가 있는 아이를 키우다 보면 문득문득 앞으로의 일이 걱정될 때가 많다. 엄마들이 많이 하는 말이 있다. "원장님, 저는 '목표' 같은 것 없어요. 그냥 하루하루 살아요. 아침에 눈을 뜨면 '오늘 너랑 나랑 큰 사고 없이 잘 지내자'고만 마음먹어요." 맞는 말이다. 힘들 때가 더 많지만, 아이와 있는 모든 순간이 언제나 괴롭지는 않을 것이다. 예쁘고 신기하고 고맙고, "어머, 얘가 이런 것도 할 줄 아네?" 하면서 환희를 느낄 때도 있을 것이다. 미래는 미리 걱정한다고 대비할 수 있는 것이 아니다. 매일매일 아이와 다른 것들을 경험하면서 오늘 하루만 잘 버티면 된다. 오늘 하루 잘 살았으면 그것으로 된 것이다. 내일은 또 내일 하루만 잘 살면 된다.

끝으로, 혹여 지금껏 잘 감당해오다가 어느 날 갑자기 삶을 포기하고 싶을 만큼 힘들어지면, 주저 말고 전문가를 찾아 꼭 도움을 받기를 바란다.

배우자를 육아 동지에서 적으로 만드는 말

Stop Daddy!

· 효과도 없는 치료, 그만하자.

· 괜한 돈 낭비야.

· 이게 다 당신 탓이잖아.

Stop Mommy!

· 불쌍하지도 않아? 어떻게 그렇게 말해?

· 당신 필요 없어. 나 혼자라도 치료는 계속할 거야.

· 나 임신했을 때 좀만 잘해줬어 봐, 이렇게 됐나.

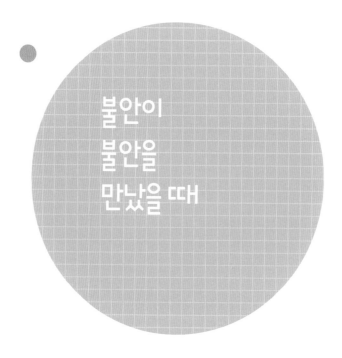

불안이
불안을
만났을 때

일정한 정도의 불안을 가지고 균형을 잡고 살아가면, 배우자를 만나 결혼을 하든 아이를 낳아 부모가 되든 별 문제가 되지 않는다. 배우자나 아이의 불안을 서로 흡수하여 줄여줄 수 있기 때문이다. 하지만 그 불안이 적당한 선을 넘어서면 오히려 불안이 없는 배우자나 아이까지 불안하게 만들고, 불안한 배우자나 아이는 그들의 불안을 더욱 증폭시킬 수도 있다. 불안을 가졌느냐, 갖지 않았느냐에 따라 달라지는 부부 관계와 부모 자녀 관계를 살펴본다.

불안한 남편 + 불안한 아내

부부간의 역동 어느 한쪽이 불안을 흡수하지 못해 불안이 증폭된다. 똑같은 모습의 불안이든 다른 모습의 불안이든 불안을 가진 사람은 다른 사람의 불안을 이해하지 못한다. 다른 사람의 불안을 이해할 수 있는 마음의 여유가 없기 때문이다. 만약 뭐든지 지나치게 완벽하게 해내야 하는 불안을 가진 사람과 뭐든지 끝까지 해내는 것에 대한 불안이 있는 사람이 만났다면, 서로의 불안을 이해하지 못하고 불안을 더 자극한다. 건강에 대해 지나치게 걱정하는 두 사람이 만났다면, 한 사람이 자신의 건강에 대해서 지나치게 불안해할 때 다른 쪽이 그 마음을 더 부채질할 수도 있다. 이 역시 불안을 증폭시킨다.

불안한 아이와의 역동 엄마 아빠에게 선천적으로 불안을 물려받아 아이는 생물학적으로 매우 불안한 상태일 수 있다. 또한 두 사람의 양육 환경이 계속 아이의 불안을 자극하기 때문에 아이가 불안을 다루는 법을 잘 배우지 못할 수 있다. 이런 아이일수록 엄마 아빠가 아닌 안정된 정서를 가진 사람과 지내는 시간을 늘려주어야 한다.

안 불안한 아이와의 역동 불안하지 않은 아이는 매사에 마음이 편안하기 때문에 행동이 느긋하다. 하지만 이런 아이가 불안한 부모의 불안한 양육을 받으면 마음이 불편한 아이로 자란다. 불안한 엄마는 아이의 느긋한 모습을 보면 더 불안해져서 "너 이거 빨리 안 하면 어떻게 하려고 그래"라고 끊임없이 재촉한다. 아이는 부모가 주입하는 불안을 학습하여 부모처럼 불안한 사람으로 자랄 수도 있고, 부모의 말을 모두 무시하는 사람으로 자랄 수도 있다. 전자는 아이가 부모만큼 불안해하지 않으면 부모가 가만두지 않기 때문에 불안을 학습한 것이고, 후자는 부모와 의논해봤자 문제만 커진다고 생각해 자신이 살기 위해 부모의 말을 무시하는 것이다. 후자는 부모가 주는 정상적인 조언조차 듣지 않아 더 큰 문제가 된다. 이런 경우 모두 아이가 무슨 일이 생겼을 때, 부모와 마음을 터놓고 허심탄회하게 의논하는 것이 불가능하기 때문에 부모와 자녀와의 관계가 소원해진다. 따라서 이런 경우 아이에 맞는 느긋한 양육 태도를 보이도록 노력해야 한다.

불안한 아이와 안 불안한 아이 간의 역동 불안한 아이가 불안하지 않은 아이를 끊임없이 통제하려고 든다. 즉, 부모가 하는 것처럼 자꾸 잔소리를 한다. 불안하지 않은 아이는 자신의 주변이 온통 불안하기 때문에 마음이 불편해지고, 본인이 편하기 위해 그 자극을 멈추고 싶어 한다. 따라서 소리를 지르거나 화를 내고, 불안한 아이가 동생인 경우 큰아이가 폭력적으로 대하기도 한다.

불안한 남편 + 안 불안한 아내

부부간의 역동 불안하지 않은 아내가 성격이 섬세하고 다른 사람을 잘 헤아리는, 즉 불안 정도가 건강한 수준이라면, 남편의 불안을 흡수할 수 있어 원만한 부부 관계를 유지할 수 있다. 불안이 적당하면 가장 건강한 심리 상태를 유지할 수 있기 때문에, 불안이 아예 없는 것보다는 적당 수준 가지고 있는 것이 부부 관계나 아이와의 관계에서 바람직하다. 불안한 남편은 불안이 높지 않은 건강한 아내가 자신이 불안해할 때마다 품어주기 때문에 아내를 굉장히 소중하게 느낀다. 그런데 아내가 불안이 전혀 없는 정도라면 오히려 문제가 커진다. 아내는 대책 없이 용감한 행동을 툭툭 하고, 불안하지 않기 때문에 앞으로 일어날 위험한 결과를 전혀 예측하지 못한다. 남편은 여윳돈이 500만 원은 있어야 마음이 편해서 아내에게 "생활비 좀 아껴 써"라고 말하는데, 아내는 대책 없이 "쪼잔하게 왜 그래? 어떻게 되겠지"라면서 계속 지출하면, 남편은 불안이 더욱 증폭되고 부부 사이도 나빠진다.

불안한 아이와의 역동　불안의 정도가 건강한 엄마라면, 아이와 아빠의 불안을 모두 품어주어서 문제가 되지 않는다. 하지만 대책 없이 불안이 전혀 없는 엄마라면, 아이도 아빠가 느끼는 심정을 비슷하게 느낀다. "엄마, 아빠가 아껴 쓰라잖아. 그만 좀 써. 우리 어떻게 살아"라고 말하며 아빠처럼 엄마를 참 대책 없다고 생각한다. 또 한편으로는 불안한 아빠가 자신을 자꾸 더 불안하게 압박한다고 느낄 수 있다. 불안 정도가 건강한 엄마는 이런 상황에서도 아이를 품고 달래주지만, 대책 없이 불안이 전혀 없는 엄마는 아이의 불안마저 증폭시킨다.

안 불안한 아이와의 역동　불안한 남편이 느끼는 것이 많다. 자신처럼 불안해하지 않는 아이를 보면서 남편은 아이가 아내처럼 아무 대책이 없다고 느낀다. 앞으로 일어날 위험하고 부정적인 결과를 전혀 예측하지 않는 아내와 아이의 태도에 화가 나기도 한다. 아빠의 불안은 두 사람의 자극으로 인해 더더욱 증폭될 수 있다. 특히 대책 없이 불안해하지 않는 아이는, 불안한 아빠가 하는 이야기 중에 중요하고 필요한 것이 많음에도 불구하고 잘 듣지 않을 수 있다. 하지만 아이의 불안 정도가 건강한 수준이라면 아이 또한 아빠의 불안을 흡수할 수 있어 문제가 되지 않는다.

불안한 아이와 안 불안한 아이 간의 역동　아이들 사이에서도 불안한 배우자와 안 불안한 배우자가 보이는 역동이 똑같이 일어난다. 불안한 아이가 불안하지 않은 아이를 과잉 통제하거나 과잉 개입하는 행동을 보이고, 안 불안한 아이는 형제가 주는 불안에서 빠져나오기 위해 서로 갈등하는 구도가 된다.

안 불안한 남편 + 불안한 아내

부부간의 역동 남편의 불안 정도가 건강한 수준이라면 아내의 불안을 잘 다루고 흡수하여 부부 관계에 아무런 문제가 없다. 그런데 남편이 적당한 불안조차 없는 대책 없는 사람이라면 아내는 너무너무 불안해진다. 이때 아내가 느끼는 불안은 앞서 살펴본 불안한 남편이 안 불안한 아내에게 느끼는 것보다 훨씬 더 크다. 왜냐하면 대책 없는 남편은 대책 없는 아내와는 규모 자체가 비교도 되지 않는 큰 사고를 치기 때문이다. 지른다고 표현할 정도로 돈을 쓰고, 사업도 결과를 예측하지 않고 마구 벌인다. 잘못하면 가정이 위태로울 수 있다. 때문에 이때 아내가 느끼는 불안은 도를 지나치게 된다. 이런 경우 아내는 남편을 신뢰하지 못하고 믿음직스럽게 보지 않는다.

불안한 아이와의 역동 역동은 앞서 '불안한 남편＋안 불안한 아내'의 경우와 같다.

안 불안한 아이와의 역동 역동은 앞서 '불안한 남편＋안 불안한 아내'의 경우와 같다.

불안한 아이와 안 불안한 아이 간의 역동 역동은 앞서 '불안한 남편＋안 불안한 아내'의 경우와 같다.

안 불안한 남편 + 안 불안한 아내

부부간의 역동 불안을 적당히 가진 정도라면 굉장히 바람직한 부모 관계, 부모와 자녀 관계를 가질 수 있다. 하지만 두 사람 모두 대책 없이 적당한 불안도 없을 경우에는, 도가 지나치면 범죄까지 일으킬 수 있다. 그 정도는 아닐지라도, 만약 꼭 있어야 하는 불안도 없이 용감무쌍하다 보면, 부부간에 서로 건드리는 부분은 없겠지만 필요한 대책을 세우는 능력이 전혀 없기 때문에 아이를 낳고 키우는 과정을 너무 힘들어한다. 양육은 끊임없는 대비와 대책이 필요한 분야이다. '닥치면 하지'라는 생각만으로는 아이를 잘 키울 수 없다. 아이를 키우려면 가정 상비약은 물론이고, 기저귀나 육아용품도 미리미리 준비해두어야 하는 것이 많다. 외출을 할 때도 많은 것들을 미리 예상해야 한다. 이런 것들이 부족하면 본인들이 육아 스트레스를 받는 것은 물론이고, 아이가 받는 양육의 질도 떨어질 수 있다.

불안한 아이와의 역동　부모가 전혀 불안하지 않기 때문에 불안한 아이는 마음이 너무 불편하고 외롭다. 예를 들어 아이가 "엄마, 쟤가 나를 자꾸 놀려서 너무 속상해"라고 말하는데, 엄마는 대책 없이 "가서 때려줘. 엄마가 다 물어줄게"라고 해버리면 아이는 당황해한다. 아이가 느끼는 섬세한 감정에 대해서 부모가 하찮게 여기면 아이는 굉장히 힘들어한다.

안 불안한 아이와의 역동　아이는 부모가 대비하고 대책을 세우는 모습을 보면서 위기에 대비하고, 그에 대한 대책을 어떻게 세워야 하는지를 배운다. 그런데 대책 없이 안 불안한 부모에게서 태어난 대책 없이 안 불안한 아이는, 결과를 예측해서 미리 자신을 조절하는 방법을 전혀 배우지 못할 수 있다. 또한 대책 없이 똘똘 뭉친 이 가족은 본인들끼리는 아무 문제 없지만 주변 사람에게 많은 민폐를 끼칠 수도 있다.

불안한 아이와 안 불안한 아이 간의 역동　역동은 앞서 '불안한 남편+안 불안한 아내'의 경우와 같다.

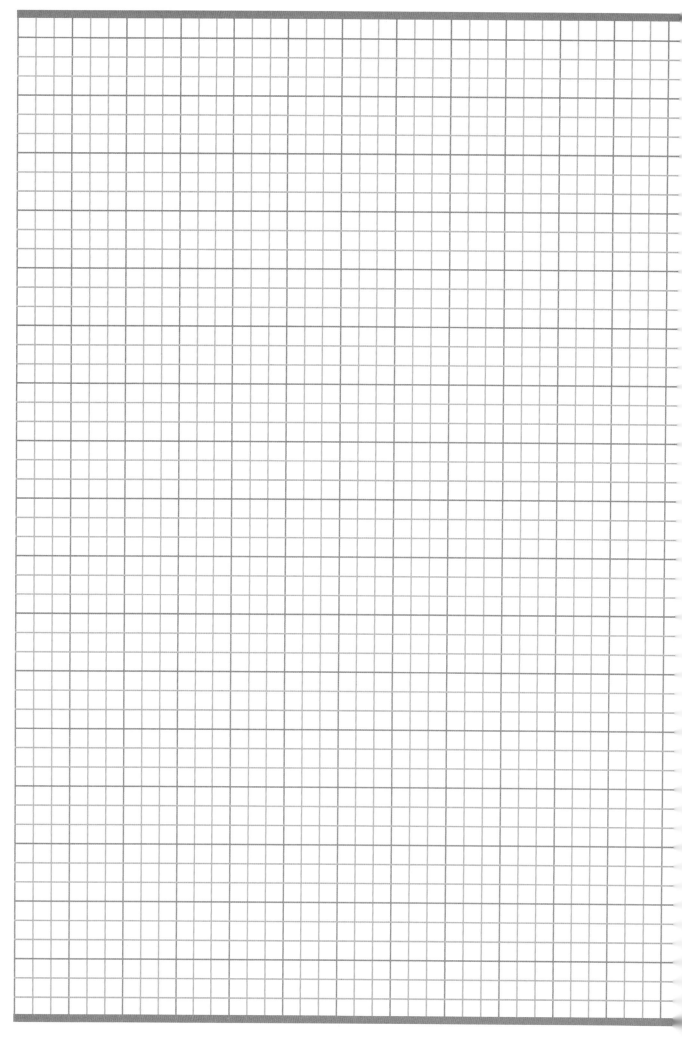

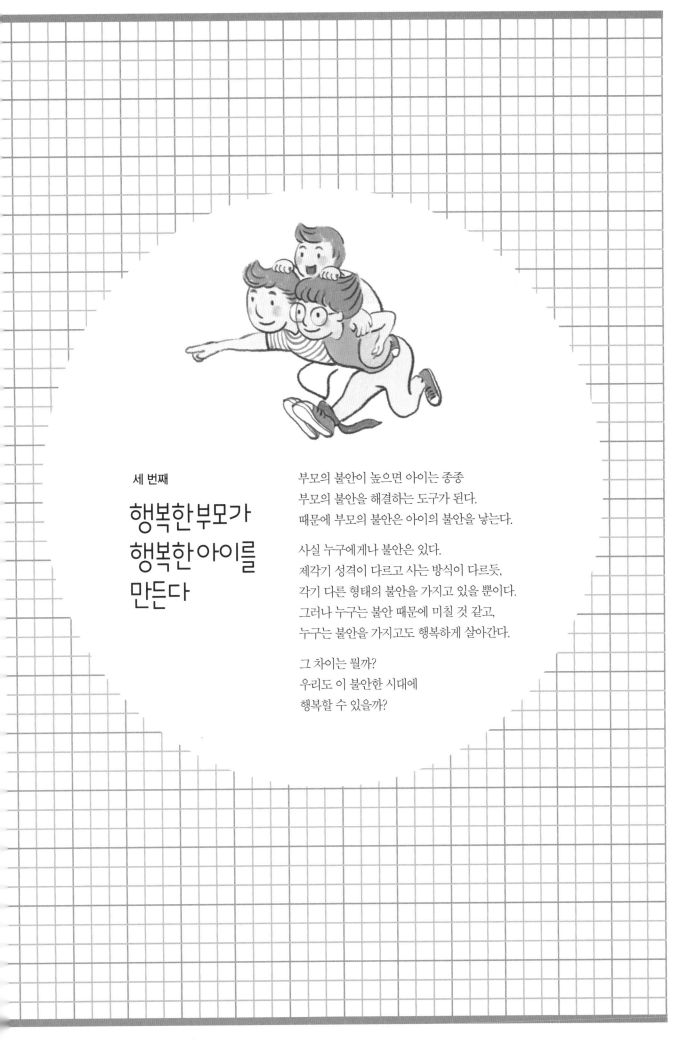

세 번째

행복한부모가
행복한아이를
만든다

부모의 불안이 높으면 아이는 종종
부모의 불안을 해결하는 도구가 된다.
때문에 부모의 불안은 아이의 불안을 낳는다.

사실 누구에게나 불안은 있다.
제각기 성격이 다르고 사는 방식이 다르듯,
각기 다른 형태의 불안을 가지고 있을 뿐이다.
그러나 누구는 불안 때문에 미칠 것 같고,
누구는 불안을 가지고도 행복하게 살아간다.

그 차이는 뭘까?
우리도 이 불안한 시대에
행복할 수 있을까?

행복한 부모가
되려면

모성, 아이를 지키는 신비한 본능

남편들이 아내에게 갖는 대표적인 불만이 있다. "아이라면, 아이를 위한 것이라면, 아내는 이성을 잃어버리는 것 같다." 지금 딱히 필요가 없어도, 집안 경제 상황에 무리가 되어도, 객관적으로 전혀 걱정스러운 상황이 아닌데도, 엄마들이 소위 '오버'를 한다는 것이다. 앞서 말했지만 엄마들은 종족 보존을 위한 보살핌 본능으로 그럴 수밖에 없다. 원시인류 때부터 엄마의 본능은 그렇게 자연선택 되어진 것이다. 연약한 인간의 아이가 성인이 될 때까지 안전하게 성장하려면 누군가의 절대적인 보호가 필요하다. 그 역할을 맡은 것이 바로 '엄마'이다. 런던대학교의 안드레아스 바르텔스 박사는 이러한 엄마들의 본능을 뇌 영상 촬영으로 보여주는 실험을 했다. 그는 젊은 엄마 20명에게 세 종류의 사진을 보여주고 그들이 각각의 사진을 볼 때 보이는 뇌 영상을 촬영했다. 세 종류의 사진이란 자신의 아이들, 잘 알고 지내는 아이들, 성인인 친구들의 사진이었다. 촬영 결과, 흥미로운 사실이 발견되었다. 젊은 엄마들은 자신의 아이들 사진을 볼 때, 음식이나 금전적인 보상을 받으면 활동하는 뇌 영역이 활성화되었다. 이 영역이 활성화되면 비판적 사고나 부정적 감정을 일으키는 뇌 활동은 줄고, 행복감이나 도취감을 일으키는 뇌 활동이 늘어난다. 재미있는 것은 이때의 뇌 활동 모습이 로맨틱한 사랑에 빠진 연인들의 뇌 활동 모습과 흡사하다는 것이다. 엄마들이 자신의 아이에 대해 감성적이 되어버리는 것은 아이를 끔찍이 사랑하도록 뇌에 프로그래밍되어 있기 때문이다. 소위 사랑을 하면 '눈에 콩깍지가 씐다'고 말하는데, 아이를 바라볼 때 엄마의 뇌가 그런 상태다. 성인이 사랑에 빠지면 유효기간이 보통 2년이라고 하는데, 엄마의 뇌는 아이를 키우는 20년 동안 계속 그런 상태인 것이다.

엄마를 더욱 엄마 되게 만드는 옥시토신이라는 호르몬도 아빠가 이해할 수 없는 엄마의 행동을 설명해준다. 옥시토신은 엄마의 몸에서 분만과 수유를 촉진하고 육아의 민감성을 높이는 호르몬으로, 상대에 대한 신뢰감을 높이는 작용도 한다. 스위스 취리히대학교의 에른스트 페르 박사는 옥시토신을 코에 뿌렸더니 상대에 대한 신뢰감이 증대되었다는 연구 결과를 발표했다. 그는 128명의 남자에게 일정한 금액을 준 후, 투자상담사의 설명을 듣고 본인의 의사대로 투자를 해보는 실험을 했다. 128명의 실험 참가자는 두 집단으로 나뉘었는데, 한 집단은 코에 옥시토신을 뿌렸고 다른 집단은 옥시토신을 뿌리지 않았다. 실험 결과, 옥시토신을 뿌린 집단이 그렇지 않은 집단보다 두 배 높은 투자율을 보였다. 옥시토신이 왕성하게 분비되는 임신 막달부터 수유 기간 동안, 엄마들이 다른 사람의 말을 유독 잘 믿어 아기와 관련된 불필요한 물건들을 구입하게 되는 이유도 바로 이 옥시토신 탓일 수도 있다.

진화심리학자들은 엄마들의 강렬한 모성 본능을 번식 속도로도 설명한다. 아빠는 상황만 되면 평생 수백 명의 아이를 가질 수 있지만 엄마는 일생 동안 최대한 가질 수 있는 아이의 수가 20~30여 명밖에 되지 않는다. 엄마와 아빠가 아이에게 부여하는 가치가 다르다는 것이다. 미국 애리조나대학교 심리마케팅학과 로버트 치알디니 교수는 이것을 노력에 비례한 가치로 설명하였다. 사람은 자신이 엄청난 노력을 기울인 일일수록 높은 가치를 부여하는데, 엄마와 아빠가 아이를 갖게 되기까지 부여하는 노력의 시간이 다르다는 것이다. 아빠는 아이를 갖는 과정에서 적은 시간만 투자해도 되는 반면, 엄마는 열 달을 투자해야 한다. 어렵게 얻는 것일수록 귀하게 여긴다고 하면, 어렵게 얻는 쪽인 엄마가 아빠에 비해 아이를 더 귀하게 여긴다고도 설명할 수 있다.

예전에 아이의 문제 행동을 교정하는 방송 프로그램에서 한 아이의 엄마를 만났다. 다섯 살 난 그 남자아이는 엄마에게만 한 마디도 하지 않는 문제 행동을 보이고 있었다. 세 살 때까지 자신을 돌봐준 할머니에게는 애교도 부리고 나이답지 않게 할머니에 대한 걱정도 하였다. 또 한 살 많은 누나와도 조잘조잘 잘도 떠들면서 엄마에게만 아무 말도 하지 않았다. 마트에 가서 엄마가 "뭐 사줄까?" 해도 고개로만 가리킬 뿐 말을 안 했다. 심지어 처음 만난 나에게도 다정하게 말을 건네고, 놀이 중에도 내 질문에 또박또박 대답을 잘하면서 아이는 유독 엄마에게만 말을 안 했다. 원인을 알아보기 위해 엄마와 아이의 24시간을 촬영하고 나서 나는 깜짝 놀랐다. 엄마는 아이가 마음에 들지 않는 행동을 할 때마다 성인도 공포스러울 만한 태도로 아이를 대했다. 놀이 중 경찰 역할은 안 하고 범인 역할만 한다는 이유로 아이를 발로 차고 아빠랑 통화할 때 울지 말라고 했는데 계속 운다고 휴대폰으로 아이의 입을 때렸다. 엄마 말에 대답하지 않는다며 목 뒷덜미를 잡고 베란다로 내쫓기까지 했다. 보통 이 프로그램은 문제 행동을 하는 아이와 엄마의 하루를 촬영하여, 제작팀과 전문가와 부모가 함께 그 화면을 보면서 이야기를 나누는 자리를 마련한다. 엄마들은 평소 의식하지 못했던 자신의 행동을 보고 깜짝 놀라며 창피해하고, 아이한테 굉장히 미안해하며 눈물을 흘리고, 그동안의 행동을 뉘우친다. 본인이 아이한테 하는 행동을 제3자의 입장에서 보면, 전문가가 굳이 말을 해주지 않아도 '변해야겠다'고 생각하는 것이 모성이다. 그동안 내 잘못된 행동 때문에 아이가 얼마나 많이 힘들었을까 생각하며 아이를 꼭 껴안고 하염없이 우는 것이 바로 모성이다.

그런데 놀랍게도 이 남자아이의 엄마는 영상을 보고 눈물을 흘리지도, 아이에게 미안해하지도 않았다. 오히려 "저 아이가 나한테 한 것에 비하면 저건 별것 아니에요"라는 말을 했다. 제작팀은 물론이고, 방송에 참여한 전문가들조차 입이 딱 벌어질 만큼 놀라운 광경을 연출한 엄마의 대답치고는 너무나 의외였다. 엄마가 남자아이를 대하는 모습은 그야말로 학대였다. 어찌된 사연일까? 엄마라면 그럴 리가 없는데…. 알고 보니 엄마는 이 아이를 출산할 때 과다 출혈로 며칠 혼수상태로 있다가 깨어보니 자궁이 제거된 상태였고, 뇌하수체가 파괴되면서 평생 호르몬을 조절하는 약을 먹어야 하는 '쉬한 증후군(Sheehan Syndrom)'에 걸려 있었다. 엄마는 남자아이를 볼 때마다 그때의 상처가 떠올라 아이를 가해자라고 생각했다. 그런 엄마의 아픔은 십분 이해하지만, 그렇다고 해서 아무것도 모르는 아이에게 그런 행동을 하는 것은 절대 용인할 수 없었다. 남자아이의 발달 상태는 학대받은 아이들이 대부분 그렇듯 또래에 비해 많이 뒤처져 있었다. 뇌의 일정 부분은 제 기능을 하지 못하는 심각한 상태였다. 나는 엄마에게 물었다. "만약 자동차가 이 아이를 덮치려고 할 때 엄마는 뛰어들지 않을 겁니까?" 엄마는 대답했다. "아니요. 당연히 뛰어들겠죠." "그때 만약 다친다면 뛰어든 것을 후회하시겠어요? 그것이 모성입니다. 비록 자궁을 잃고 평생 약을 드셔야 하지만 대신 아이라는 축복을 얻으셨지 않습니까?" 엄마는 그 한마디에 지난날의 잘못이 후회스러운 듯 한동안 눈물을 멈추지 못했다. 그리고 여러 전문가들의 도움을 받아 자신의 육아태도를 바꾸려는 노력을 아끼지 않았다. 한 달도 안 되는 짧은 시간에 엄마는 놀랄 만큼 따뜻한 사람으로 변해 있었다. 나는 그것이 모성이라고 생각한다.

엄마들의 내면에는 자신도 어쩔 수 없는 아이에 대한 큰 사랑, 모성이 있다. 가끔 방송에 나온 엄마처럼 개인적인 상처나 아픔 때문에 모성을 잠깐 잊고 있을 수도 있지만, 대부분 순간의 깨우침만으로도 자기 안에 있는 모성이 되살아난다. "신이 모든 곳에 있을 수 없어 어머니를 세상에 보냈다"라는 서양 속담처럼, 엄마는 인류의 생존을 책임지는 그런 존재이기 때문이다. 따라서 엄마가 갖는 모성에 대해 그 누구도 폄하하거나 가벼이 다뤄서는 안 된다. 모성이 없었다면 우리는 지금 온전히 살아 있는 것이 불가능하다. 그러나 이런 엄청난 본능을 엄마들은 조금 조심할 필요가 있다. 원시인류일 때는 눈에 불을 밝히며 아이를 먹이고 입히고 필요한 것을 구해야 했지만, 요즘은 세상이 달라져 물불 안 가릴 정도로 아이 일에만 고집할 필요가 없어졌다. 때문에 본능적으로 하는 행동이 가끔은 도가 지나칠 수 있으니 조심해야 한다. 타고난 모성 본능에 개인적으로 해결되지 않은 불안이 합쳐져 슈퍼 울트라 콩깍지를 쓴 상태에서 아이를 키울 수도 있으니, 혹시라도 자신이 비이성적으로 아이에게 몰입하는 것은 아닌지 순간순간 자문해볼 필요가 있다.

부성, 진화를 준비하라

원색적으로 말해, 30분만 투자하면 아이를 만들 수 있는 아빠. 이들에게 부성애는 없을까? 나는 이들에게도 엄마만큼이나 엄청난 부성애가 있다고 믿는다. 단지 이들의 부성애는 아직 원시인류의 상태에 머물러 있는 것이 문제다. 원시인류는 엄마와 아빠의 역할이 확연히 구분되어 있었다. 힘이 센 아빠들이 사냥을 해서 먹을 것을 구해 오는 임무를 맡았고, 엄마는 그 사냥감을 요리조리 궁리해서 아이와 남편의 먹을 것과 입을 것을 해결하는 일을 맡았다. 엄마들이 이런 역할을 잘해낼 수 있었던 것은 아빠들이 보호해주었기 때문이다. 연약한 인간의 아이가 생존하려면 엄마와 아빠의 역할이 모두 필요했다. 원시인류의 아빠는 맹수나 다른 부족과 싸움을 잘할수록 사냥감이나 전리품을 많이 가져올 수 있었다. 그들의 아이에 대한 사랑은 바로 그런 것이었다. 목숨을 걸고 날카로운 이빨과 발톱을 가진 맹수와 싸우고, 위험을 무릅쓰고 낯선 곳을 탐험했던 것은 바로 아이에 대한 사랑 때문이었다. 엄마의 사랑과는 그 모습이 다르지만 아빠들은 그런 형태로 아내와 아이를 보살펴왔다. 아이에 대한 아빠들의 이런 방식의 사랑은 엄마와 마찬가지로 진화론적 입장에서 자연선택된 것이다.

아빠들은 아이가 태어나면 무한 책임감을 느낀다. 원시인류가 아이가 태어나면 더 많은 사냥감을 잡아와야 했던 것처럼, 요즘 아빠들도 아이가 태어나면 엄청난 책임감을 느낀다. 뉴질랜드 넬슨 지역 보건위원회 연구에 따르면 처음으로 아빠가 된 남성 15%가 산후우울증에 시달린다고 한다. 미국의 한 연구기관이 몇 년 전에 밝힌 결과는 이보다 더 심각했다. 연구기관은 초보 아빠의 62%가 산후우울증의 초기 단계인 베이비 블루스를 경험한다고 밝혔다. 이는 산모들 중 70%가 경미한 산후우울증을 겪는다고 봤을 때, 초보 아빠들도 엄마들만큼 산후우울증에 시달린다는 것을 보여준다. 아빠들이 베이비 블루스를 느끼는 가장 큰 원인은 경제적인 부담 때문이다. 아빠들의 경제적인 부담감은 죄의식이 되기도 하고, 분노가 되어 아기를 낳은 아내한테 화를 내는 것으로 나타나기도 한다. 그런데 심각한 것은 엄마들의 산후우울증은 호르몬 탓이라 1~2개월이면 사라지지만 아빠들의 베이비 블루스는 심리적인 탓이라 가만두면 더욱 심해질 수 있다는 사실이다. 이때 필요한 것은 아내의 관심이다. 남편의 부담감을 이해하고, 관심을 가져주고, 아이와 편안히 함께 있을 수 있는 시간(육아를 도와주는 시간이 아니라)을 마련해야 한다.

아기가 태어나면 평소 다정했던 남편이 갑자기 냉정하게 변하기도 한다. 아기가 없던 신혼 시절에는 아내가 걱정을 하면 "걱정 마. 나만 믿어"라고 말하던 사람이, 아기를 낳고 나서는 "뭐 그런 것 가지고 걱정해"라고 말한다. 출산 후 남편이 이렇게 바뀌면 아내들은 남편이 예전만큼 자신을 사랑하지 않는 것 같아 불안하고 서운해한다. 그리고 자신에 대한 사랑을 아빠가 아이에게 보이는 관심으로 가늠하고 싶어 한다. 혹 남편이 출산 후 밖으로만 돌면(실은 경제적인 부담감에 일을 더 열심히 하고 있는지도 모른다) 냉정한 남편, 무관심한 아빠로 낙인 찍어버린다. 그런데 이 또한 부성애의 일종이다. 아내에게 보다 독립적일 것을 요구하는 것은 그래야만 아내가 내 아이를 안전하게 잘 키울 거라 생각하기 때문이다. 이 또한 원시인류 때의 아버지의 습성과 관련 있다. 사냥을 갈 때 아빠는 엄마에게 아이를 맡겨놓고 나가야 했는데, 아빠가 없을 때 다른 부족이나 맹수가 침입하면 엄마가 아이를 지켜내야 했다. 아빠들은 아이를 낳으면 본능적으로 아내가 이전보다 강인해지기를 바란다.

아빠들의 이런 변화는 아이나 아내를 사랑하지 않기 때문이 아니라 모두 유전적 또는 진화적으로 프로그램되어서일 뿐이다. 때문에 남편의 이러한 행동은 어느 정도 유전자에 계획된 부성애라고 보아야 한다. 그런데 우리 주변에 조금 다른 부성애를 보이는 사람들이 나타나기 시작했다. 사회가 변화하면서 가정에서의 아빠와 엄마의 역할이 많이 달라졌고, 문화적인 환경 또한 원시인류의 그것과 다르기 때문인지, 조금씩 변화한 아버지들이 나타난 것이다. 요즈음 아버지의 모습은 더 이상 원시인류처럼 싸움을 해서 아내와 아이를 지킬 필요가 없어서인지, 조금은 어머니의 모습과 닮아 있다. 좀 더 다정해지고 친절해지고, 튕겨나가기보다는 안으로 들어와서 보살피고 보호하는 모습을 취한다. 그리고 엄마와 아이는 이런 아빠들을 더 반갑게 맞이하고, 아이의 발달이나 부부 관계에서도 좋은 점수를 받고 있다. 나는 이런 아빠들이, 다른 많은 아빠들에 비해 한 걸음 진화했다고 생각한다.

진화는 생물이 현재 살고 있는 환경 속에서 생존에 유리한 형태로 점차 발달되어가는 것을 말한다. 대부분의 생물은 암컷이 새끼를 키운다. 그것이 그들의 종족 보존에 유리하기 때문이다. 하지만 몇몇의 동물은 수컷이 새끼를 키우는 일을 담당하기도 한다. 해마류의 일종인 해룡은 암컷이 수컷의 꼬리에 200여 개의 알을 낳는다. 수컷은 몇 주 동안 이 알을 키워서 부화시킨다. 해룡의 경우 매우 약한 실고기과라 알을 낳는 행위 자체도 힘이 들고, 알을 품는 것 자체도 힘이 들어 종족 보존을 위해 그 역할을 나눠서 하는 듯하다. 뉴질랜드의 날지 못하는 새인 키위 또한 암컷이 알을 낳으면 수컷이 알을 품는다. 알이 몸에 비해 너무 크기 때문에, 알을 낳아 기력이 남지 않은 암컷이 제대로 품을 수가 없기 때문이다. 암컷 키위는 알을 낳자마자 들판으로 달려가 정신없이 먹이를 주워 먹고 기력이 회복되면 다시 알을 낳는다. 만약 암컷이 알까지 품는다면, 아마 기력을 회복하기 어려워 다음 알을 낳는 것이 늦어지고, 그 탓에 개체 수가 무척 줄어들었을 것이다. 황제펭귄 또한 마찬가지다. 암컷이 야구공 두 배만 한 알을 낳고 먹이를 먹기 위해 바다로 달려가면, 수컷이 꼿꼿이 선 채로 남극의 찬바람을 맞으며 두 달 넘게 먹지도 않고 알을 품는다. 알이 부화할 즈음 수컷 황제펭귄의 체중은 절반 이상으로 줄어든다. 그런데도 알에서 깨자마자 배고파하는 새끼들을 위해 위속에 저장해둔 비상식량을 토해서 먹인 후, 바로 새끼에게 줄 먹이를 구하러 바다로 나간다고 한다.

인간도 이와 다르지 않다. 동물들이 개체의 특징에 맞게 암컷과 수컷의 역할이 달라지는 것처럼, 인간도 달라진 환경에 따라 적응하며 엄마 아빠의 역할이 진화하고 있다. 너무나 오랫동안 프로그래밍되어 있는 유전자 때문에 이는 여전히 어려운 일이겠지만, 우리가 사는 환경은 더 이상 옛날 아버지의 모습을 원하지 않는다. 요즘은 권위적이고 무시무시한 위세를 가진 아버지보다 자상하고 친절한 아버지, 남편을 원한다. 나는 요즘의 아버지들이 자기 안에 있는 아이에 대한 사랑을 부끄러워하지 않고 드러내야만 그 진화가 가능하리라 본다. 이미 아빠들의 몸 안에서 그런 진화가 일어나고 있기 때문이다. 아내에게 매일 바쁘다는 핑계(?)를 대며 "알아서 좀 키워"라고 말하지만, 요즘 아빠들의 몸 안에서는, 아내가 아기를 갖는 순간 엄마와 같은 변화가 일어난다. 나는 이러한 변화가 아이를 엄마와 아빠가 함께 키워야 하는 명백한 증거라고 믿는다.

영국의 심리학자 트리도우언은 예비 아빠의 65%가 임신한 아내와 같이 구토 등 심리적, 육체적 증상을 겪는다고 밝힌 바 있다. 캐나다의 연구진은 아내가 임신한 동안 아빠의 뇌에서는 프로락틴, 코르티솔, 테스토스테론 등 호르몬 수치가 변화한다는 사실을 보고했다. 아내의 출산 직전 아빠의 몸에서는 양육과 젖샘을 자극하는 프로락틴 수치가 20%나 상승하고, 스트레스 호르몬인 코르티솔 수치도 두 배로 오르면서 갓 태어난 아기를 키우기 위한 민감성과 경계성도 증가한다는 보고가 있었다. 또한 남성호르몬이라고 알려진 테스토스테론은 아이가 태어난 후 얼마 동안은 3분의 1 수준으로 급격히 감소하고, 에스트로겐 수치가 평상시보다 훨씬 더 증가한다. 때문에 엄마만큼은 아니지만 아빠들도 아내가 임신한 순간부터 자상한 아빠가 될 준비를 하고 있다고 보아야 한다. 환경이 변하면 우리 몸은 호르몬들이 변화하면서 그 환경에 유리하게 적응할 수 있도록 도와준다. 갑자기 아내를 잃은 남자의 몸에는 아이들과 자신을 스스로 보살필 수 있도록 여성호르몬이 급격히 늘어나기도 한다. 반대로 남편을 잃은 여자의 몸에서는 남편의 보호 없이 자신과 아이를 지켜낼 수 있도록 남성호르몬이 증가하기도 한다.

스위스 바젤대학교의 에리히 세이프리츠 박사는 아이를 가진 성인 남녀와 아이가 없는 성인 남녀가 각각 아기의 웃음소리와 울음소리에 어떻게 반응하는지 살피는 연구를 했다. 그는 아기의 웃음소리와 울음소리를 녹음하여 각각의 성인들에게 들려주고 그때 일어나는 뇌의 변화를 영상으로 촬영했다. 그런데 아이를 가진 집단과 아이가 없는 집단의 차이가 확연했다. 아이를 가진 집단은 남녀 모두 웃음소리보다는 울음소리에 뇌가 더 많이 반응한 반면, 아이를 가지지 않은 집단은 울음소리보다는 웃음소리에 뇌가 더 많이 반응했다. 에리히 세이프리츠 박사는 이 반응을 경험에 의해 학습된 것이라고 말했다. 아이를 가진 성인 남녀에게 아이의 울음이란 즉시 부모가 돌봐주어야 할 경보이다. 하지만 아이가 없는 성인의 뇌는 그런 학습이 부족하다. 그의 연구 결과는 부모의 뇌세포와 부모가 아닌 사람의 뇌세포가 다르게 반응한다는 것을 보여주었다. 자신의 성이 남자든 여자든 상관없이 '부모'라는 이름을 얻었을 때 일어나는 변화임을 아빠들이 기억했으면 좋겠다. 모성애가 선천성이라면 부성애는 다분히 후천성이다. 하지만 모성애 못지않게 부성애도 숭고하고 아이를 위해서 꼭 필요하다. 이것은 아빠들 자신뿐 아니라 엄마들 또한 반드시 알고 있어야 하는 점이다.

내 아이는 내 생각대로, 내 말대로 해야 한다?

어느 날 갑자기 초등학교 때 남자 선배에게서 다급한 전화가 걸려왔다. 아들이 자신을 경찰에 신고했다며 아들을 데리고 급하게 나를 찾아왔다. 선배의 아들은 중학교 2학년으로 내 눈에는 굉장히 똑똑하고 착해 보였다. 그런데 상담이 시작되자 아이는 자신이 이 세상에서 가장 싫어하는 사람이 아버지라는 말부터 꺼냈다. 아이의 감정은 어느 날 갑자기 생긴 것이 아니었다. 아이는 아주 어릴 때부터 아빠가 싫었다고 했다. 나는 "왜 아빠가 싫으니?"라고 물었다. 아빠와 대화를 하면 아빠는 화부터 냈고, 항상 자신에 대한 비난과 질타로 대화가 끝난다고 했다. 아빠는 가부장적이고 권위적인 사람이라, 자신이 아빠 말대로 하지 않으면 화를 내며 폭력적으로 변한다고 말했다. 아이가 아빠에게 느끼는 적대감은 생각보다 커 보였다.

아이가 아빠를 신고한 사건의 전말은 이러했다. 사건 전날, 선배는 아들과 말다툼을 벌이다 아들을 한 대 때렸다. 선배는 다음 날 아이와 대화를 시도하려고 자기 방에만 있는 아들에게 거실로 나오라고 했다. 아이는 아빠가 자기를 또 때릴 것이 두려워 아무리 불러도 나가지 않았다. 화가 난 선배는 아이를 한 대 또 때렸다. 아이는 무서운 나머지 경찰에 전화를 했고, 경찰이 출동해서 선배에게 다시는 아이를 때리지 말라는 다짐을 받은 뒤 돌아갔다.

내가 아는 한 그 선배는 아이가 말한 정도의 권위적이고 폭력적인 사람이 아니었다. 아이의 말을 듣고 선배를 만나 얘기를 들어보니, 아들은 자기를 폭력적이라고 말하지만 아이를 키우는 14년 동안 딱 세 번밖에 안 때렸다며 억울해했다. 아주 어렸을 적 엉덩이 때린 것이 한 번, 얼마 전 있었던 두 번이 전부라는 것이었다. 나는 "하지만 선배의 아들은 선배를 굉장히 권위적으로 느껴요. 아이를 절대 때려서는 안 돼요"라고 말했다. 선배는 성실하고 책임감이 강한 보통 아빠들 중의 하나였다. 선배에게 아이는 늘 책임이었다. 그런데 어느 날부턴가 아이가 의욕도 없고 동기도 없고 머리는 좋은데 공부도 열심히 하지 않는 것 같아 앞으로 살아갈 것이 걱정되어 좀 엄하게 대한 것뿐이었다. 책임감을 너무 강하게 느낀 나머지 선배는 아들이 자기가 생각하는 수준으로 올라올 때까지 늘 강압적으로 대했다. 그렇지 않으면 자신이 느끼는 걱정과 불안이 너무 크기 때문이었다. 많은 아빠들이 아이가 온전한 성인이 되어서 책임감 있게 인생을 살아갈 수 있도록 자신이 다리 역할을 해야 한다고 생각한다. 나아가서는 그 역할을 못 하면 내가 평생 동안 이 아이를 책임져야 하는 것이 아닌가 하고 불안해한다. 엄마들은 이 상황에 처했을 때 아빠만큼 불안해하지는 않는다. 혹여 성인인 아이를 부양하게 되더라도 뒷바라지는 당연하다고 생각하는 반면에, 아빠들은 아이가 정신적, 경제적으로 독립해서 떠나감으로써 홀가분해지고 싶어 하는 마음이 강하다.

우리나라 아빠들은 걱정이 생기면 아이를 권위적이고 강압적으로 대한다. 아이가 자신의 울타리에 있는 동안은 자기 말을 절대 거역해서는 안 된다고 생각한다. 자신의 말을 거역하면 권위와 폭력으로 두려움을 주어 아이를 무릎 꿇게 만든다. 아이가 인사를 제대로 안 하면 "다음에는 인사 제대로 해라. 이런 것은 잘 배워둬야 해"라고 말하는 대신, "이놈의 새끼, 인사도 안 해!"라고 소리치며 손부터 올라간다. 아이가 영어 과외를 하고 있는데, 생각한 만큼 열심히 안 할 때 아빠는 "아빠가 영어를 잘하지 못하니까 많이 힘들다. 나는 너만 할 때 영어를 배울 수 있는 형편이 아니었거든. 기회가 있을 때 좀 배워두는 것이 이다음에 네가 좀 편할 거야"라고 말하면 될 것을, "네가 한 시간 과외하는 데 돈이 얼마 들어가는 줄 알아? 그 따위로 하려면 그만둬"라고 말한다. 이때 아이가 "그렇게 돈 아까우면 과외 끊으세요. 저도 하기 싫어요"라고 대답하면 아빠들은 화가 난 나머지 아이에게 폭력을 휘두르고 만다.

아빠들이 이런 행동을 하는 이유는 근본적으로 자신 안에 있는 불안 때문이며 그 불안은 아이와 내가 다른 사람이라는 것, 즉 아이를 자신과 개별화하지 못해서 일어나는 측면이 크다. 엄마들의 잔소리 또한 아이와 자신을 개별화하지 못해서 일어나는 행동이다. 엄마와 아빠가 모두 불안해하는 이유는, 그것이 아이 인생의 몫이라는 것을 인정하지 못하기 때문이다. 우리는 왜 그럴까? 나는 그것이 우리 사회가 유독 혈연, 가족 중심이기 때문이 아닌가 생각한다. 또 단일 민족, 한 핏줄이라 하나의 덩어리라고 생각하는 경향이 강하기 때문인 듯도 하다. 우리는 처음 만나는 사람에게 사는 지역, 고향, 본관 등을 물어보고 나와 한

덩어리의 요소를 갖춘 것이 있는지 찾는다. 우리는 남과 나를 분리해서 생각하기보다 하나의 덩어리로 생각하고 싶어 하는 경향이 강하다. 남도 그렇게 생각하는데, 나의 피와 살을 물려받고 태어난 아이한테는 오죽할까. 우리 부모들은 아이와 내가 다른 사람이라는 것을, 내가 존중해야 할 다른 인격체라는 사실을 인정하는 것에 익숙하지 않다.

나는 선배에게 물었다. "선배 아들이 왜 선배 말을 다 들어야 하는데요?" 선배는 눈이 휘둥그레졌다. "그렇잖아요. 선배와 선배 아들은 다른 사람인데, 왜 선배 말을 다 들어야 하는데요? 선배와 의견이 다를 수도 있는 거 아닌가요?" 했더니 한참을 생각한 선배는 "그런가?" 하고 대답했다. "당연하죠. 다른 생각을 가진 사람에게 내 생각을 이야기하려면 무엇이 옳고 그른지에 대한 생각을 묻고 의논도 해야 하는데, 선배는 그렇게 안 했잖아요" 했더니, 선배는 고개를 끄덕이면서 "그렇구나"라고 대답했다. "어쨌거나 선배가 계속 그런 식으로 아들을 대하면 더 큰일도 날 수 있겠어요. 문제가 더 심각해질 수 있다는 뜻이에요. 선배 의도가 아무리 좋아도 아이는 그렇게 대하면 안 되는 거예요"라고 말해줬다.

우리나라 부모들은 자식이 자기를 닮아야 한다고 생각하기 때문에 자기 명령과 행동을 그대로 따라야 한다고 믿는다. 그래서 아이가 자신이 예상한 것과 다른 반응을 보이면 '어떻게 쟤가 나와 다른 생각을 할 수 있지?' 생각한다. 그런 부모가 진료실을 찾으면 나는 늘 "아이가 왜 엄마 말을 들어야 하는데요?"라고 묻는다. 그러면 엄마들은 당황하면서 "그, 그래야 하는 것 아니에요? 원래?"라고 되묻는다. 나는 그 엄마 이름이 김계옥이라면 "생각해보세요. 이 아이가 김계옥 씨인가요?" 하고 묻는다. 상대가 "아니죠" 하면 "그런데 아이가 왜 김계옥 씨의 말을 다 들어야 하죠? 생각이 다를 수도 있잖아요. 분명 아이는 김계옥 씨가 아니니까요"라고 말한다.

열등감이 많은 부모일수록 아이가 자신의 의견과 다른 것을 '반역'이라고, 자신을 무시한다고 치부해버린다. 아이가 아빠에게 "저는 아빠와 생각이 달라요"라고 말하면 아빠의 생각과 일부가 다르다는 말인데, 아빠는 아이가 자신의 모든 것을 부인한 것으로 오해해 '얘가 나를 무시하네'라고 생각하며 못 견뎌한다. 아이한테 장점이 많음에도 한두 가지가 아빠 마음에 안 들면 "너 그 따위로 했다가는 형편없어져"라며 아이 전체를 부인한다. 그 부분은 어쩌면 아이한테는 별로 중요하지 않은 부분일 수도 있는데, 아빠가 그런 것까지 모두 잘하라고 하니 아이는 자긍심도 안 생기고, 의욕도 없어져서 무기력해지고 만다. 부모가 원하는 수준에 도달하려고 노력하다가 어느 순간 버거워지면 아이는 결국 '자신'을 확 놓아버리기도 한다. 부모들은 스스로를 잘 알고 있어야 한다. 자신의 특징 중 정말 버려야 할 것이 무엇인지 말이다. 그리고 아이가 자신과 다른 사람이라는 것도 인식해야 한다. 아이가 부모에게 반기를 들 때는 그것이 어떤 한 '부분' 때문이라는 것을 의심하지 마라. 아빠 자체를 부정한 것도 아니고, 엄마가 나를 사랑하고 키웠다는 사실을 무시한 것도 아니다. 아이의 말을 그렇게 받아들이지 마라. "엄마가 이렇게 하면 정말 싫어"라는 말은 엄마의 그 행동이 싫다는 것이지, 엄마의 사랑을 부인한 것이 아니다. 그런데 엄마들은 보통 "내가 너를 어떻게 키웠는데, 어쩜 나한테 이럴 수 있어? 먹여주고 입혀주고 사달라는 것 다 사줬는데 너 엄마한테 그렇게밖에 말 못해!"라며 화를 낸다. 절대 그러지 마라. 아이는 분명 나와 다른 생각을 가졌으며, 내가 낳았다는 것만으로 스스로도 단점이라고 생각하는 그것까지 좋아해줄 수 없다는 것을 받아들여야 한다. 그래야 아이나 부모나 모두 발전할 수 있다.

아이의 개별화는 생후 6개월부터 시작된다. 이유식을 시작하면서 좋아하는 음식과 싫어하는 음식이 생기고, 부모는 아이가 나와 다른 생각을 가질 수도 있다는 것을 경험한다. 먹이고 싶은 대로 먹지 않고, 하라는 대로 하지 않는 시기는 미운 세 살이 아니라 이때부터다. 부모는 이때부터 아이의 뜻을 존중해야 한다. 그래야 사춘기가 된 아이, 성인이 된 아이를 놓아줄 때 조금은 편안해진다. 아이를 개별화된 존재로 봐주는 것이 어렵게 느껴질 수도 있다. 예를 들어, 언니와 동생이 놀다가 동생이 실수로 언니의 안경테를 치게 되었다. 언니는 너무 아파 악을 쓰면서 울었고, 동생은 일부러 그런 것이 아니라며 언니에게 미안하다고 사과했다. 그런데 언니는 계속 아프다고 울기만 했다. 이런 장면을 지켜보는 부모들은 대개 언니가 "괜찮아"라고 말해주기를 바란다. "동생이 사과하잖아. 언니가 됐으면 용서해줘야지"라고 언니에게 강요한다. 하지만 언니는 아직도 너무 아프고, 평소에도 '미안해'라는 말을 달고 사는 동생이 너무 밉다. 동생의 사과를 받아들이고 싶지 않다. 그래서 "싫어, 싫단 말이야"라고 말하면 "동생이 그럴 수도 있지!"라며 오히려 언니를 혼낸다. 우리는 언니 된 아이의 마음이, 부모의 그것과 다르다는 것을 인정하지 않는다. 아이를 개별화된 존재로 봐주지 않는다. 엄마가 봤을 때 마음에 좀 안 들더라도 그것이 어쩔 수 없는 아이의 마음이고 행동이다. 그럴 때 "네가 아직 사과를 받을 마음이 아닌가 보구나. 지금은 아프니까 나중에 기분 좀 풀리면 동생한테 잘 말해줘"라고 해야 한다. 그것이 아이가 나와 다른 사람이라는 것을 인정하고 존중하는 것이다. 아이의 뜻을 존중해주는 연습은 이런 상황에서부터 이루어져야 한다.

아이를 변화시키려면 낮은 자세로 임한다

우리는 아이를 가르칠 때 핀잔을 주거나 겁을 주는 경우가 많다. 모처럼 일요일 아침에 퀴즈쇼를 보는 아빠와 딸. 퀴즈로 제시된 문제를 보더니 아빠가 말했다. "너 저거 답 알아?" 딸은 "아니"라고 대답했다. 아빠는 약간 우쭐대며 답을 맞혔다. 우쭐해진 기분 그대로 아빠는 자신은 옛날에 엄청 가난해서 과외의 '과' 자도 몰랐고, 책이 없어서 공부도 못 했지만, 정말 열심히 살아서 저런 것도 안다는 이야기를 했다. 사실 아빠가 주고자 하는 메시지는 "상식도 좀 키워봐"였을 텐데, 아이를 끌어내려 핀잔 주는 식으로 자기 말이 옳다는 것을 전달했다. 아빠들은 위에서 아래를 내려다보듯 "내가 하는 말 들어"라고 말하는 경우가 굉장히 많다. 그런데 이런 의사소통 방식은 아이에게 '아빠는 나를 인정하지 않는구나'라는 서운함만 남길 뿐, 정작 아빠가 전하려는 속마음은 전달되지 않는다.

엄마들도 마찬가지다. 아이에게 핀잔을 주면서 잘못된 행동을 지적할 때가 많다. 아이가 뭔가 불안해서 유치원에 가지 않겠다고 한다. 엄마는 아이가 무엇 때문에 불안하고, 왜 불안해하는지를 생각하지 않고, "너 어제 엄마랑 유치원 가기로 했잖아. 약속 안 지키니? 약속 안 지키면 나쁜 애야"라는 식으로 말한다. 아이들이 핸드폰을 사달라고 할 때도 아이의 마음을 보는 것이 아니라 "그게 너한테 왜 필요해? 네가 무슨 업무해? 네가 그 돈 낼 수 있어?"라는 식으로 말한다. 이런 대화가 오가면 아이는 상처를 받는다. 한번 상처를 받으면 그 아픔 때문에 마음이 더 굳게 닫힌다. 그리고 부모의 말대로 하면 왠지 자신이 싸움에서 지는 것 같고, 부모가 말했듯 자신이 바보(?)라는 것을 인정하는 것 같아 더 말을 듣지 않는다.

고등학생 남자아이가 머리카락을 절대로 안 자르려고 한다며 엄마한테 끌려서 진료실까지 왔다. 학교에서 머리를 깎으라고 하니까 "내가 왜 머리를 깎아야 하느냐"며 대들다가 담임교사, 학생주임, 교감한테 혼나고, 엄마는 "도대체 왜 이런 것 가지고 그러냐. 머리 좀 자르면 안 되냐?"며 아이를 어르고 달래고 혼내다가, 아이가 울고불고 대들고 욕하니까 결국 나한테까지 데려온 것이었다. 아이는 머리카락을 자르느니 학교를 안 다니겠다는 입장이었다. 진료실 문을 열고 들어오는 아이의 얼굴은 잔뜩 붓고 입은 대빨 나와 있었다.

나는 아이에게 물었다. "네가 원해서 왔니, 끌려 왔니?" "끌려왔지요." "끌려 왔더라도 선생님은 너한테 최선을 다할 것이고, 이렇게 만난 것도 좋은 인연이니까 선생님은 네 입장에서 너를 이해해보려고 할 거야. 우리 얘기 좀 해보자" 이렇게 말하면 대부분 아이들의 화가 한풀 꺾인다. "너 전생에 삼손이었구나"라고 내가 말을 건넸다. "네?" "너 삼손 몰라? 성경에 나오는데, 머리카락을 자르면 힘을 잃는 사람이야. 뭐 머리카락 몇 센티 자른다고 힘이 없어지는 것도 아닌데, 좀 자르지 그래?" 했더니 아이가 "저는 머리 자르는 것이 너무 싫단 말이에요"라고 대답했다. 나는 한참 동안 아이가 머리카락을 자르기 싫어하는 이유를 듣고, 아이의 입장을 충분히 이해해줬다. 그리고 이렇게 물었다. "너희 담임선생님은 좋으시니?" 아이는 "좋으세요"라고 대답했다. "그럼 담임선생님 좀 봐줘. 네가 머리 안 자르면 담임선생님 입장이 곤란해지거든." 그래도 아이는 "싫어요"라고 대답했다. "그럼 나 좀 봐줘라." 아이는 의아해하면서 "왜요?"라고 물었다. "야, 그래도 내가 명색이 이름도 있는 사람인데, 나까지 만나고 갔는데 네가 계속 화를 내고 있으면 내 체면이 말이 아니겠지? 지금 엄마와 네 사이를 보면 내 중재가 필요할 것 같은데 나를 만나고 나서 네가 조금은 바뀌어야 엄마가 계속 내 조언을 듣지 않을까? 나도 덜 창피하고." 이렇게 말하면서, "나 좀 봐준다고 생각하고 머리를 아주 조금만 자르고, 학교 졸업하면 네가 하고 싶은 대로 기르면 되잖아"라고 얘기했더니 아이는 기분이 많이 누그러진 듯 "잘 안 자란단 말이에요"라고 대답했다. "잘 먹고 밤에 야한 생각 많이 하면 금세 길어"라고 농담처럼 말해줬더니 아이는 "아~ 내가 이번만 선생님 봐서 깎아줄게요"라고 말하며 웃었다. 나는 "고맙다. 정말 고맙다"라고 말했다. 아이는 돌아가서 정말 머리카락을 잘랐다.

아이에게 무언가를 가르칠 때 부모는 낮은 자세를 갖추어야 한다. 부모가 강한 모습으로 나올수록 아이는 그 권위적인 힘에 적대감을 갖게 된다. 어린 시절 경험한 이런 적대감은, 무조건 자기를 누르고 힘으로 자기를 조정하려고 하는 모든 것들에 적대감을 갖게 한다. 즉, '권위 = 적대감'이 된다. 아이는 권위에 굴하면 자기에게 큰일이 일어날 것이라고 생각해, 공격적으로 반항한다. 심지어 사회에서 지켜야 하는 지시나 규칙 등에도 무조건 반감을 가질 수 있다. 나는 아이들과 상담할 때 절대 권위적으로 하지 않는다. 진료실에 오는 아이들은 대부분 권위에 대한 적개심이 너무너무 큰 상태다. 권위에 저항하는 아이는 절대 권위로 다스려서는 안 된다. 자신이 중요하다는 것을 가르치기 위해 아이를 무시하고 협박하지 말고, 부모의 낮은 모습을 보여주고 낮은 자세로 이야기해야 한다.

불안한 부모의 희생양, 슈퍼키드

인간은 사회적 동물이다. 인간은 누구나 사회 속에서 다른 사람과 자신을 끊임없이 비교하면서 산다. 이러한 비교는 삶의 좋은 기준이 되고 자신을 행복하게 만들고 독려하는 좋은 활력제가 될 수 있다. 하지만 잘못된 비교는 인생의 모든 면을 고달프게 한다. 잘못된 비교에 집착하면 누구든 열등감에 사로잡힌다. 더구나 비교를 당하는 사람이 '아이'라면, 더 치명적인 결과를 불러오기도 한다. 잘못된 기준의 비교는 아이에게 부정적인 자기 이미지를 갖게 하여 모든 일에 무기력감을 안겨준다. 또한 부모가 자신의 부족한 부분만 지적하니 자기를 신뢰하지 않는다는 불신감까지 생긴다.

초등학교 6학년 남자아이가 엄마와 함께 시험 준비를 하고 있었다. 그런데 아이가 학교에 간 사이, 엄마는 이웃으로부터 윗집 초등학교 5학년 여자아이는 벌써부터 시험 준비를 시작했고 혼자 알아서 다 한다는 말을 들었다. 엄마는 학교에서 돌아온 아들을 보자마자 잔소리를 퍼붓기 시작했다. "5학년 동생들도 혼자 공부한다는데, 너는 뭐니? 엄마가 시킨 것도 안 하는데 혼자 할 줄이나 알겠어?" 아이는 고개를 푹 숙이고 자기 방으로 들어갔다. 엄마가 이런 식으로 비교하면 열등감을 느끼지 않는 아이는 없다. 사실 엄마는 5학년 여자아이의 이야기를 들었을 때, '5학년 정도면 스스로 할 수 있는 부분이 많아지는구나'라고 생각하고 아들에게 "5학년도 혼자서 시험 공부를 하는 아이들이 많다더라. 충분히 할 수 있는 일인가 봐. 우리 같이 노력해보자"라고 말했어야 옳다.

우리 부모들은 너무나 많은 비교를 통해 잘못된 기준을 가지고 있다. 부모는 아이가 가진 여러 부분을 하나하나씩 떼어서 그것을 최고의 수준인 것과 비교한다. 5학년 여자아이의 시험 준비 태도, 전교 1등을 한 아이의 등수, 중학교 형의 운동 실력 등을 6학년 내 아이와 비교한다. 사실 시험 준비는 혼자 잘하지만 성적은 그리 좋지 않을 수도 있고, 전교 1등은 하지만 과외 교사가 철저히 공부를 시켰을 수도 있고, 운동은 잘하지만 시험 성적이나 학습 태도는 전혀 본받을 것이 없을 수도 있는데, 많은 아이의 잘하는 것 하나씩을 각각 떼어 내 아이와 비교한다. 이렇게 되면 아이는 끊임없이 열등감을 느낀다. 뭘 해도 나보다 잘하는 어떤 다른 기준으로 비교당하니 열등감을 느끼지 않으려야 않을 수 없다. 비교를 하는 엄마 또한 내 아이의 어떤 모습 하나에 만족하지 못하고, 또 다른 아이의 잘하는 것과 내 아이의 못하는 것을 비교하기 때문에 끊임없이 불안해한다.

아이는 마치 포도송이 같아서 그중에는 작은 포도알도 있고, 큰 포도알도 있고, 덜 익은 포도알도 있고, 알맞게 익은 포도알도 있다. 진한 보랏빛의 포도알이 있는가 하면, 밝은 붉은 빛을 띠는 포도알도 있다. 그 모든 포도알이 모인 하나의 포도송이가 내 아이다. 그런데 우리 부모들은 그것을 모른다. 아이가 가진 모든 면을 통합해서 아이 자체로 받아주지 못하고 주변의 많은 것과 아이를 비교해 멀쩡한 아이를 비참하게 만든다. 아이가 공부는 못하지만 심성이 착하다면 "의사, 박사는 못 되겠지만, 뭘 하든 괜찮은 사람으로 평가받겠구나"라고 평가해줘야 한다. 아이가 줄넘기를 열심히 연습했는데도 잘 못하면 "네가 줄넘기 대회에 나갈 것도 아닌데 그 정도면 되지"라고 말해줄 수 있어야 한다. 그것으로 아이가 자신을 열등하게 느껴서는 안 된다. 나는 사실 어렸을 적부터 춤을 잘 못 췄다. 지금도 못 춘다. 그런데 요즘 엄마들은 아이가 춤을 못 추면 댄스 학원에 보내고, 줄넘기 과외도 시킨다. 인간은 포도송이처럼 작은 부분 부분이 모여서 전체를 이룬다. 그런데 포도알 하나를 사과의 색과 비교하고, 다른 포도알은 오렌지와 크기를 비교하고, 또 다른 포도알은 바나나와 맛을 비교하여 그것을 모두 합쳐서 아이를 만들려고 한다. 이렇게 하면 아이는 자신에 대한 어떤 정체성도 가지지 못한다.

며칠 전에 진료를 받은 아이의 엄마는 강남에 사는 이른바 슈퍼맘이었다. 누구보다도 아이를 뒷바라지하는 데에는 열성적인 엄마였다. 최신 교육 정보, 성공 정보, 연예 정보 등을 모두 취합하여 아이를 완벽하게 키우려고 공을 들였다. 그런데 엄마는 아이가 최근 들어 친구들과의 관계에서 좀 밀리는 듯한 느낌을 받았다. 아이가 공부뿐 아니라 친구 관계에서도 항상 '최고'이기를 바라는데, 요즘 아이의 주변에 그야말로 '엄친아' 같은 아이가 나타난 것이다. 공부를 잘하는 것은 물론이고, 외모도 완벽하고 성격도 굉장히 외향적이어서 친구들을 모두 사로잡는 듯 보였다. 게다가 그 아이는 내 아이와 다르게 나서는 것도 좋아해서 어디를 가든 튀었다. 엄마는 그 아이가 못하는 것을 찾아내 우리 아이에게 가르치기로 결심했다. 우리 아이가 그 아이보다 잘하는 것이 하나라도 있으면 아이가 자신감을 갖고 살아갈 것이라 생각했기 때문이다. 친구들도 내 아들을 보는 눈이 분명히 달라질 것이라고 생각했다. 엄마는 아이에게 아이스하키를 가르치기 시작했다. 그러고는 아이에게 친구들에게는 절대 비밀로 하라고 당부했다. 그 아이가 눈치를 채고 배우면, 엄마의 계획이 수포로 돌아가기 때문이었다.

나는 그 엄마에게 물었다. "어머니, 아이를 아이스하키 선수로 만드실 겁니까?" 하고 물었더니, 엄마는 "아닌데요"라고 대답했다. "그렇다면 아이에게 '네가 그 친구보다 잘하는 게 하나라도 있으면 다른 아이들이 너를 보는 눈이 달라질 거야'라고 말하지 마세요. 그 자체가 아이에게 부담을 주는 것입니다. 그냥 '남들이 안 하는 취미 한번 배워보는 게 어떻겠니? 즐겁지 않을까?'라고 권하는 것이 좋아요. 혹여 아이가 하기 싫다고 하면 강요하지 말아야 합니다. 엄마만의 생각은 굉장히 위험해요. 이렇게 키우면 아이는 뭘 하든 남의 기준에 휘둘리는 자신감 없는 사람이 될 수도 있어요"라고 말했다.

요즘 많은 엄마들이 정말 이렇다. 공부를 못하면 수련회 가서 춤이라도 잘 추어야 한다고 생각해 댄스 학원까지 보낸다. 내세울 게 없으면 아이가 위축될까 봐 걱정하는 마음은 알겠지만 엄마의 그런 행동은 아이에게 굉장히 위험한 사인을 준다. 엄마의 마음과 반대로 "공부도 못하고 춤도 못 추면 너는 별 볼일 없는 아이야"라는 메시지를 아이에게 줄 수도 있다. 그럴 때 엄마는 "뭐 어때? 춤을 잘 추는 사람도 있고, 못 추는 사람도 있지. 그냥 즐기면 되는 거야. 춤이라는 것은 음악에 맞춰서 자기 몸을 움직이면 되는 거야"라고 말해주어야 한다. 아이가 다른 사람의 시선을 걱정하면 "신경 쓰지 마. 가장 중요한 것은 너의 생각이야"라고 얘기해야 한다.

부모들이 잘못된 기준을 들이밀고 끊임없이 남과 비교하는 것은 자신의 열등감, 불안에서 기인한다. 다른 아이들과 비교하고 아이를 자꾸 몰아세우는 부모들은 변명한다. 아이가 부족한 것 없이 행복하게 살게 하기 위한 것이라고. 그런데 아이를 괴롭히면서까지 과도하게 이런 행동을 하는 것은 아이를 위한 것이 아니라 부모 자신을 위한 것이다. 부모에게 아이를 아이 자체로 인정하라고 하면 "그럼 공부를 안 시켜도 된다는 말입니까?"라고 묻는다. 물론 공부는 해야 하지만 성적을 100점 받아오고 1등을 하기 위해서가 아니라, 그 과정에서 힘든 것을 참고 견디며 열심히 하는 태도를 배우기 위해서다. 아이의 머릿속에도 '공부는 잘해야 하는구나'가 아니라 '공부는 중요한 거구나. 열심히 해야겠어'라는 생각을 심어주면 그것으로 족하다. 많은 슈퍼맘들은 자신의 슈퍼 불안을 해결하기 위해, 아이에게 슈퍼키드가 되라고 강요하고, 결국 자신이 가진 불안보다 더 큰 슈퍼 불안을 아이에게 심어주고 있다. 내가 살기 위해서 아이를 죽이는 것이다.

혹여 '아이가 공부를 너무 못한다. 열심히 하는 것 같지만 이 아이는 공부 스타일이 아닌 것 같다'고 판단되면, 그 아이 인생에 다른 몫이 있다고 믿어 의심치 마라. 그것을 못 견디고 이후에 일어날 일들을 미리 걱정하면 엄마나 아빠 모두 불안할 수밖에 없다. 아이가 부족하다면 그것은 그 아이가 감당해야 하는 몫이다. 부모는 그저 아이가 그것을 감당할 수 있도록 도와줘야 한다. 그래야 아이가 제 몸에 맞는 옷을 입은 큰 사람이 될 수 있다.

불안에 취약한 엄마 아빠는 그만큼 아이 문제에 대해 유연하지 못할 가능성이 크다. 그것을 빨리 깨닫고 바꾸지 않으면 아이에게 분명히 무리가 생긴다. 아이가 지나치게 수동적으로 변하거나 심하게 말하면 부모의 불안을 해결하는 도구가 되고 만다. 그래야 부모가 덜 불안해하기 때문이다. 부모가 시키는 대로 해서 아이가 좋은 결과를 얻는 것은 딱 초등학교 때까지다. 사춘기가 되면 아이 몸의 호르몬이 그 말을 듣지 않는다. 아이 몸은 좀 더 독립적이고 자율적이기를 원한다. 아이 안에서 일어나는 발달의 진행을 아이 스스로도 주체할 수가 없다. 아이가 말을 안 듣는 것이 아니라 아이 몸의 호르몬이 말을 듣지 않는 것이다. 그 호르몬은 아이가 조금씩 독립하는 법을 가르치는 호르몬이기 때문이다. 이 시기까지 부모가 힘으로 조정하려 하면 아이는 시행착오를 통해 자기만의 기준을 얻지 못하고, 성취감도 별로 경험하지 못한다. 또 나이에 맞는 책임감도 기르지 못한다. 그리하여 자율성, 성취감, 책임감이 정말 필요한 나이가 되었을 때 너무나 수동적으로 행동한다. "엄마, 뭐 해요? 이거 끝나면 뭐 해요?" 식으로 지나치게 의존적인 아이가 되거나 자기 조절의 기준이 없어 막 튕겨나가는 아이가 된다. 부모들은 종종 "초등학교 때까지는 정말 모범적이고 말 잘 듣는 아이였는데…"라고 하소연하지만, 사실 아이에게는 부모의 뜻에 거역할 수밖에 없는 나이가 있다. 그럴 때는 그래 봐야 한다. 그래야 정상적인 책임감과 독립심, 자율성 등을 갖추게 된다.

　부모들은 스스로에게 물어봐야 한다. 나를 불안하지 않게 하는 자식을 원하는 것인지, 자신만의 기준이나 가치관을 가진 자식을 원하는 것인지 말이다. 불안한 부모는 아이가 자신이 원하는 대로 해주면 덜 불안하기 때문에, 어찌 보면 자기 감정을 조절하지 못해서 "날 좀 건드리지 말아줘. 나 하자는 대로 좀 따라줘"라고 아이에게 투정부리는 것과 같다. 내 마음이 불편해서 아이를 달달 볶고 배우자를 달달 볶는 것이다. 내 마음 좀 편하게 해달라고 아이나 배우자에게 칭얼대는 것이다. 진짜 사랑한다면 배우자나 아이를 있는 그대로 봐주어야 한다. 그들의 선택을 지지해야 한다. 사회문화적으로 절대로 안 되는 것, 즉 범법 행위가 아닌 이상, 내 마음에 조금 안 드는 것과 자식이 원하는 것이 다를 수 있다는 것을 받아들여야 한다.

행복한 부부가
되려면

불안을 낮추는 건강한 부부 대화법, 경청과 존중

사람 간의 관계를 말할 때, 나는 늘 '사기로 만들어진 접시'라는 표현을 쓴다. 사기 접시에 금이 조금 갔을 때는 조심해서 다루면 사용할 수 있지만, 금이 깊게 끝까지 갔을 때는 아예 사용하지 못한다. 부부가 불안하면 이 사기 접시에 쉽게 금이 간다. 서로 날을 세우고 화를 내다가 결국 사기 접시를 깨뜨려 사용하지 못하게 된다. 사기 접시를 온전하게 지키려면, 자신도 모르게 이 사기 접시를 위험하게 흔들 때 상대에게 도움을 요청하고 대화를 신청해야 한다. 그리고 대화 신청을 받은 상대는 잘 들어주어야 한다. 불안은 누군가 공감해주는 것만으로 그 정도가 많이 낮아진다. 또 이야기를 하거나 듣다 보면 불안의 원인과 해결책이 찾아지기도 한다.

부부는 남이다. 남남인 사람이 만나서 서로의 불안을 이해하고 자극하지 않고 살려면 항상 서로가 무슨 말을 하는지 잘 들어야 한다. 무슨 가치관을 가지고 있는지, 특히 어떤 면에서 불안해하는지 들어야 알 수 있다. 반드시 답을 할 수 없어도 좋다. 그저 진심으로 들어주면 된다. 진심으로 듣는 것에는 상대방의 이야기에 자신의 생각을 표현하는 것도 포함된다. 아무 표현도 안 하고 그저 듣고만 있으면 상대는 그것을 수동적 형태의 공격이라고 느낀다. 자신을 무시한다고 느끼기도 한다. 정신과 의사의 기본도 잘 듣는 것이다. 정신과 의사도 상대의 이야기를 들으면서 상대의 말을 끊지 않을 정도로만 자신의 생각을 표현한다. "그렇죠, 그렇죠"라고 말하며 공감하거나, "그건 당연히 그렇죠"라고 말하며 확신을 주고, "저런, 어떻게 그런 일이 있나"라고 위로하며, "글쎄, 그건…"이라는 식으로 내가 좀 다른 생각을 가졌다는 것을 표현한다. 때문에 "그건 나도 그렇게 생각해" 정도의 말은 해주어야 말하는 사람도 신이 난다. 만약 말하는 사람과 생각이 다르다면 "그게 아니야!"라고 하지 말고 "난 좀 생각이 다른데, 나도 한번 생각해볼게" 정도로 해준다. "나는 꼭 그렇게만은 생각하지 않는다"는 것도 반드시 표현해야 한다. 그렇게 해야 대화가 계속 진행될 수 있다.

많은 일들이 언어 안에서 일어난다. 인간은 기본적으로 언어를 통해 소통하고 이해하는 것뿐만 아니라, 언어를 도구로 삼아 모든 배려와 위로와 존중을 표현하고 공격성마저 낮출 수 있다. 서로 대화를 해야 이해의 폭이 넓어진다. 그런데 진료실에서 만난 부부들은 "말을 하면 할수록 더 싸워요"라고 고백한다. 그 이유는 서로 들으려고 하지 않기 때문이다. 서로 상대의 말을 자르고 내 얘기만 하려고 하니 점점 더 목소리가 커져서 상대의 말이 들리지 않게 된다. 내가 하고 싶은 얘기를 참고 상대의 얘기를 듣는 것이 중요하다. 좋은 부부 관계를 유지하고 싶다면 "당신이 얘기해봐. 당신이 뭘 걱정하는지"라고 묻고 끝까지 들어라. 그리고 절대 중간에 끊지 마라. 남편들은 자신의 논리로 상대를 설득해 대화를 그 현장에서 바로 종결 짓는 버릇이 있다. "자, 어디 들어보자. 당신 얘기해봐. 음, 그래? 그럼 이건 이렇게, 저건 저렇게, 됐지? 끝!" 이런 식의 대화법은 안 된다. 일단은 상대의 이야기를 듣고 자신과 생각이 많이 다를 때는 그날 바로 문제를 결론 내지 않는다. "나는 생각이 좀 다른데, 나도 좀 생각해볼게. 당신도 한번 생각해봐." 이렇게 하고 미뤄라. 그날 결론을 내려고 들면 대체로 싸우게 되므로 그날은 그냥 잘 들어만 준다. 아내도 마찬가지로 남편의 말을 잘 들어준다. 사람의 관계는 노력에 의해 유지되기 때문에 언제나 노력해야 한다. 상대가 그렇게 하니 나도 이렇게 한다고 하지 마라. 항상 '이 상황에서 내가 어떻게 좀 해볼까?' 라는 생각을 해야 한다.

사람의 관계에서는 솔직해야 한다. 아내가 아이 교육에 좋을 것 같다면서 뭔가를 얘기했다. 그런데 남편은 경제적 여력이 안 된다. "여보, 나도 그게 좋은 줄은 알겠는데, 지금 내 경제력으로는 불가능해. 나도 가슴이 아픈데 이것은 어쩔 수 없잖아." 남편이 이렇게 얘기하면 아내들은 "그러게, 당신이 돈 좀 잘 벌지" 하면서 처음에는 토라질 수는 있지만, 진솔하게 얘기하면 그 안에서 대안을 찾는다. 그런데 날을 세워 얘기하면 상대편은 그에 대한 공격을 한다. "바보같이 돈도 못 벌고"라면서 비난만 돌아온다. 아내도 마찬가지다. "여보, 내가 입시 설명회에서 이런 얘기를 들었는데, 내가 뒷바라지를 못해서 우리 아이가 잘못될까 봐 무척 걱정돼. 아이한테 미안해." 이렇게 말해야 한다. 그런데 "입시 설명회에 가서 들었더니 이거 준비 안 하면 아이 대학 보낼 생각도 하지 말라더라"라고 말한다. 그러면 남편은 "미친 소리, 누가 그딴 소리를 해? 그런 곳에는 가지도 마” 이렇게 된다. 대화를 할 때는 자기 약점에 대해서도 진솔하고 솔직해야 한다. 특히 배우자와 이야기를 나눌 때는 배우자를 나와 가장 가까운 사람으로 인식하고 나의 치부를 드러내도 괜찮은 사람이라고 생각해야 한다. 반대로 나도 배우자를 그렇게 바라봐야 한다. 내가 나를 존중하듯, 나의 기분이 상할 수 있듯, 그를 배려하고 존중해야 한다.

왜 우리는 올바른 대화를 못 나누는 것일까? 어린 시절 누구나 한 번쯤 별것도 아닌 일 때문에 엄마한테 혼날까 봐 말도 못 하고 가슴앓이를 경험한 적이 있을 것이다. 부부도 똑같다. 부부는 혼난다기보다는 비난받거나 공감받지 못할까 봐 배우자에게 솔직하게 말하지 못한다. 거절당하는 감정을 감당하기 어렵기 때문이다. 한 번 느낀 불안은 해결하려는 노력을 하지 않으면 절대 사라지지 않는다. 아내이건 남편이건 누군가 불안을 느꼈다면 그 주제로 대화를 나눠 불안을 줄이려는 노력을 해야 한다. 따라서 어떤 말도 비난하거나 무시해서는 안 된다. 그런 행동이 잦으면 대화의 창이 닫힌다. 남에게 비난받거나 감정을 무시당하는 것보다 배우자에게 당했을 때 더 큰 좌절과 상실감을 느끼게 된다. 의사소통은 상대를 가르치는 것이 아니다. 상대방이 잘났든 못났든, 나와 생각이 다를 수밖에 없다는 것을 인정해야 한다. 그러기 위해서는 먼저 말을 끊지 말고 끝까지 잘 들어야 한다. 생각이 다를 때는 자칫 비난으로 들릴 수도 있으니 잠시 한 발 물러나는 자세가 필요하다. 들으면서 공감되는 것은 어떤 형태로든 공감하도록 한다.

모든 인간관계에 해당하지만, 특히 부부라면 대화하면서 꼭 지켜야 할 것이 있다. 부부간에 절대 해서는 안 되는 행동, 절대 해서는 안 되는 말은 그야말로 절대로 지켜라. 그 선은 한번 넘으면 그다음부터는 너무 쉽게 넘게 되는데, 그러면 부부간의 존중과 배려가 한순간에 무너진다. 화가 난다고 뺨을 때린다? 그 순간 존중과 배려의 댐은 와르르 무너져내린다. 사과를 해도 그 댐은 다시 쌓을 수가 없다. 더 심각한 것은 때린 사람의 행동이 그다음부터는 더 심해지고 더 자주 때리게 된다는 것이다. 격한 말도 그렇다. "당신이 이러면 내가 화나잖아" 다음에는 "나도 화나. 당신만 화나는 줄 알아?" 정도의 말이 나오지만, "야, 이 XX 야" 다음에는 "야, 이 나쁜 XX야." 이런 말이 나온다. 선을 넘지 말라는 것은 경계를 두라는 것이 아니다. 인간으로서 지켜야 할 기본적인 예의를 지켜야 한다는 것이다. 비난, 격한 말, 욕, 폭력, 상대의 치명적인 약점(종교, 학력, 돈) 그리고 상대가 하지 말라고 부탁한 것이 그 선이 될 수 있다. 그 선은 절대 넘지 말아야 한다. 별 의미가 있는 행동이 아니더라도 절대 하지 말아야 한다.

상담을 온 한 남편은 "우리 마누라는 참 똑똑한데 말할 때 꼭 삿대질을 합니다. 저는 그게 너무 싫어요"라고 말했다. 그런데 정작 아내는 자신이 삿대질을 하는 줄도 모르고 있었다. 그저 손가락을 하나 들고 말하는 버릇이 있을 뿐이었다. 그런데 남편은 그것을 삿대질로 오해하고 기분 나빠했다. 나는 아내에게 그 행동을 고치라고 했다. 대화를 할 때 손을 주머니에 넣고 있거나, 팔짱을 끼고 있거나, 두 손을 깍지 끼거나, 여하튼 하지 않도록 주의하라고 했다. 그리고 분명히 남편에게 "내 행동을 당신이 오해하는 것 같아서 나름대로 노력하고 있어"라고 당신이 노력하고 있음을 말하라고 조언했다. 상대에게 100퍼센트 맞출 수는 없지만 최소한의 선은 지키려고 노력하는 것은 부부간에 존중과 배려가 깔린 예의다.

이미 대화가 단절된 부부라면 어떻게 할까? 서로 별다른 미움은 없지만 자연스럽게 대화가 사라져버린 부부라면 대화할 기회를 만들어야 한다. "여보, 우리 오늘 얘기 좀 해"라고 다짜고짜 말하면 남편은 더 늦게 들어온다. 대화가 적은 부부는 처음에는 제3자에 대한 이야기부터 한다. 드라마를 보면서 "저거 말도 안 된다. 어떻게 저럴 수 있지?" 이런 식으로 시작한다. 진솔한 내용을 담는 것이 아닐지라도 주고받는 말이 편해야 대화가 시작될 수 있다. 드라마를 보면서 "당신은 저러지는 않는데"라고 살짝 남편을 칭찬하고, 남편도 아내를 칭찬하는 것이 필요하다. TV 드라마에는 극단적인 성격의 특이한 캐릭터들이 많이 등장하므로 배우자를 칭찬할 만한 상황을 생각보다 많이 찾을 수 있다. 대화가 좀 편해지면 그다음은 아이들 얘기를 꺼낸다.

친절, 배려나 말투, 의사소통을 하는 방법 등은 몸으로 배우는 것이지 머리로 배우는 것이 아니다. 아이에게 그런 것을 가르치려면 아이가 그 분위기에서 살게 해야 한다. 몸으로 그런 개념을 표현하려면 그 분위기에 젖어있어야 한다. 사소한 불안도 부모와 상의하고 부모와 대화하는 것을 즐기는 아이, 친절과 배려가 몸에 밴 아이, 말투에서 따뜻함이 항상 묻어나는 아이… 아이의 이런 모습은 부부가 보여주는 대화로 모델링된다는 것을 잊지 말자.

남편과 아내의 말, 마음속 번역기로 걸러라

참 많은 부부들이 남편의 술 때문에 싸운다. 결혼하면서부터 지금까지 남편들의 음주에 관한 아내들의 잔소리는 고장 난 라디오처럼 무한 반복되고 있으며,

아무리 무한 반복 잔소리를 해도 남편들의 행동은 개선되지 않는다. 갈등이 반복된다는 것은 누구 하나만의 잘못은 아니다. 두 사람 모두 서로의 말에 귀를 막고 있기 때문이다. 두 사람 모두 배우자가 하는 말의 깊은 바닥에 숨어 있는 진심을 듣고 있지 않기 때문이다. 행복한 부부가 되려면 대화를 할 때 반드시 통역을 한 번 해서 듣는 노력이 필요하다. '이 사람이 정말로 하고 싶어 하는 이야기는 이것인데, 그것을 이렇게 표현하는구나' 하고 말 속에 담겨 있는 심리적인 부분을 이해하기 위해 노력해야 한다. 처음에는 잘 되지 않겠지만 자꾸 노력하다 보면 나아질 것이다. 그렇게 소통하기 시작하면 상대도 조금씩 부드러워진다. "당신이 먼저 부드럽게 말하면 나도 부드럽게 말할게"라고 하지 말고, 이 책을 읽고 있는 당신부터 시작해라.

남편이 밤 10시까지 야근을 하고 집으로 돌아오는 길에 친구들의 전화를 받고 약속을 잡았다. 남편은 집으로 전화를 해서 오늘 좀 늦겠다고 말한다. 남편의 말에 아내는 "12시까지는 들어와야 해"라고 말한다. 10시가 넘어 친구들을 만났으니 12시까지 귀가를 한다는 것은 솔직히 어렵다. 그런데도 남편은 대충 "알았어, 알았어"라고 대답한다. 대답을 안 하면 아내가 전화기를 붙들고 잔소리를 할 게 뻔하기 때문이다. 그런데 남편은 그때 그 잔소리를 조금 들어주고, 잔소리에 깔려 있는 아내의 진심을 읽으려는 노력을 해야 한다. 아내가 남편이 술 마시고 늦게 들어오는 것을 싫어하는 이유는, 남편에 대한 걱정 때문이다. 음주운전을 할까 봐, 건강을 해칠까 봐, 필름이 끊길까 봐 등 많은 걱정이 그 안에 담겨 있다. 그 걱정들에는 '나에게 가장 중요한 사람은 당신이야. 당신이 너무 중요하고 소중해서 걱정하는 거야'라는 마음이 존재한다.

물론 잔소리라는 방식으로 펼쳐지는 아내의 의사소통 방식이나 말투가 바뀌어야 하는 것은 맞지만, 남편은 그런 말을 들을 때마다 '또 시작이군. 얼른 도망가야지' 하면서 대충 말한 뒤 전화를 끊지 말고, 아내의 내면의 목소리를 듣고 거기에 답해야 한다. "술은 많이 안 마시도록 노력할게. 10시 넘어서 만나는데 12시까지는 들어가는 것은 현실적으로 어려워. 내가 2시까지는 꼭 들어갈게"라고 말하고, 아내가 가장 걱정하는 면을 들어주고 안심시킨다. 만약 아내가 음주 운전을 가장 걱정한다면 "절대로 운전은 안 할게"라든가, 돈을 많이 쓸까 봐 걱정한다면 "돈 걱정은 하지 마. 오늘 술값은 각자 나눠서 계산하기로 했어"라든지, "오늘은 회식비로 먹는 거니까 염려하지 마"라고 말한다. 아내의 잔소리가 다소 듣기 싫어도 아내가 나에 대해 무엇을 걱정하는지 안다면 그것에 대한 걱정을 완화해주고 실현 가능한 약속을 해야 한다. 그렇게 하면 남편의 술자리로 인한 부부갈등이 조금은 줄어든다. 아내의 잔소리를 피하려 지키지도 못할 약속을 하면 아내는 남편을 '못 믿을 사람'으로 낙인 찍어버리니 조심한다. 불신은 한번 생기면 점점 강해질 뿐 결코 없어지지 않는다.

아내들도 조심해야 할 것이 있다. 아무리 좋은 마음이 숨어 있다고 하더라도 잔소리는 좀 줄여야 한다. 좋은 내용이라도 표현 방식이 올바르지 않으면 상대가 들어주기가 쉽지 않다. 좋은 말이라도 무한 반복되면 소음이 되고, 소음이 되면 아무도 들으려고 하지 않는다. 듣고 있으면 기분이 나빠지기 때문이다. 마치 공사장에서 콘크리트를 전동 해머드릴로 따따따따 부수는 소리 같아서 듣고 있으면 머리가 지끈지끈해진다. 남편들도 그 소음이 정말 듣기 좋은 '사랑의 세레나데'라 해도 한 귀로 듣고 한 귀로 흘려버릴 수밖에 없다. 그런데 심각한 것은 한번 아내의 말을 소음으로 인식하기 시작하면 이후 아내의 모든 말을 소음으로 간주한다는 사실이다. 아내가 무슨 말만 하면 "됐어, 그만해" 하면서 대화 자체를 거부한다. 진료실에 온 남편들은 퇴근해서 집에 갔을 때 아내가 말 좀 안 걸었으면 좋겠다는 말을 가끔 한다. 아내의 목소리를 들으면 짜증부터 난다고 한다. 이런 이유에서인지 요즘은 집에서 서로 말을 안 하는 부부들도 있다. 잔소리는 상대의 귀를 막아버리니 가장 조심해야 할 표현 방식임을 잊지 말자.

　그렇다면 어떻게 말할까? 부부라면 저 사람이 하는 말 속에 나를 사랑하고 염려하는 마음이 있다는 것, 차마 창피해서 나에게 하지 못하는 말이 있다는 것, 자존심 때문에 반대로 말한다는 것을 믿고 배우자의 말을 한 번 걸러서 이해하는 것이 필요하다. 말하는 사람도 자신의 속마음을 솔직하게 말하는 것이 좋다. 조금 낯간지럽고 창피할지라도 조금씩 연습하기 시작하자. 주말에 소파에 널브러져 있는 남편을 보아도 아내들이여, 잔소리하지 마라. 정말로 하고 싶은 말은 "일주일 내내 당신하고 시간을 못 보내서, 주말만은 함께 시간을 보내고 싶어. 쇼핑하러도 나가고 싶고, 당신과 대화도 나누고 싶어"이지 않은가. 좀 오글거리더라도 솔직하게 말해라. 남편들도 아내가 "TV 좀 꺼. 하루 종일 잠만 잘 거야?" 하는 말을 마음속 번역기로 걸러서 "당신과 시간을 같이 보내고 싶어. 일주일 동안 너무 보고 싶었거든"으로 받아들여라. 남편을 괴롭히기 위해 TV를 보지 말라고 하고, 그만 좀 일어나라고 하는 것이 아니다. 아내의 마음은 알지만 너무 피곤해서 지금 당장은 도저히 청을 들어줄 수 없다면, "여보, 미안한데 내가 너무 피곤해서 그래. 12시까지만 자고 나면 피곤이 좀 풀릴 것 같으니까 그때 나가서 외식이라도 합시다. 점심 먹고 공원 산책 가는 것은 어때?"라고 말해야 한다. 솔직하게 자신의 사정을 말하되, 아내의 마음도 어느 정도는 배려해주자.

한 가지 좋은 정보를 주자면, 남편과 아내의 말에는 독특한 특징이 있다. 그 특징을 숙지하고 상대가 호감을 느끼는 방식으로 말을 건네면 대화로 인한 갈등은 현격히 줄어들 것이다. 남편들은 주로 "~해"라고 말하고, 아내들은 "~하는 것이 어때?"라고 말한다. 남편들은 해결을 중요시하는 뇌를 가졌기 때문에 "~해"라고 말하고 되도록 긴 말은 안 하려 든다. 다른 사람이 본인에게 어떤 말을 하더라도 "~해"라고 말하는 것을 더 잘 알아듣는다. 때문에 남편들은 결론이 나지 않는 대화를 싫어하고, 어떤 대화든 빨리 결론을 찾아내고자 한다. 이에 비해 아내들은 관계를 중요시하는 뇌를 가졌기 때문에 "~하는 것이 어때?"라는 말을 하고, 상대방의 의견을 들어가며 길게 이야기하고 싶어 한다. 다른 사람이 본인에게 하는 말도 "~하는 것이 어때?"의 형태일 때 잘 받아들인다. 가끔은 긴 대화 끝에 결론이 나지 않을지라도 서로의 감정을 주고받는 과정만으로도 만족한다. 그런데 우리는 흔히 이 특징과는 반대되는 대화 방식을 취한다. 남편들에게는 "~하는 것이 어때?"라고 말하고, 아내들에게는 "~해"라고 말한다. 이러다 보니 대화만 시작하면 마음이 상하고 문제가 생기는 것이다.

아내들이여, 남편들에게는 "~해줘"라고 말해라. 이렇게 말하면 남편들은 기분이 조금 나쁘고 하기 싫어도 아내가 말한 그 일은 자기가 꼭 해야 되는 일이라고 생각한다. 그런데 이 말을 "~해줬으면 좋겠어"라고 말하면, 그 일을 선택이 가능한 일로 간주하고 안 해도 된다고 생각한다. 남편들은 확실한 지시를 내리는 것을 본능적으로 쉽게 받아들인다. 남편이 다소 바쁘더라도 "여보, 힘든 건 아는데 이건 당신이 꼭 해줘야 돼. 그렇지 않으면 해결이 안 돼"라고 말하면 아무리 싫어도 자신의 당면 과제라고 생각한다. 하지만 "~해주면 안 될까?" 하고 말하면 안 해주는 경우가 많다. 생각해보고 따라야 하는 지시는 오히려 부담스럽게 느껴 들어주지 않는 경향이 있기 때문이다. 그런데 아내들은 정반대다. 너무 분명하게 지시 형태가 되면 거부감을 느낀다. 남편들이 "~해"라고 말하면, 본인도 꼭 해야 한다고 생각하는 일조차 '이 사람이 어디다 대고 명령이야'라고 생각하며 기분 상해한다. 아내가 기분이 상해서 자기 말에 따르지 않으면 남편들은 대뜸 "그럼 그거 안 할 거야?"라고 되묻는다. 이미 기분이 상해버린 아내에게 그것을 하고 안 하고는 이제 중요하지 않다.

다음은 진료실에서 항상 일어나는 상황이다. 아이와 상담이 끝나면 나는 이제 엄마랑 얘기해야 한다며 아이를 대기실로 내보낸다. 아이들은 보통 알았다며 나갔다가 또 들어온다. 들어와서 이런저런 이야기를 한다. 내가 "엄마하고 선생님하고 얘기를 해야 하는데, 네가 나가야 선생님이 시작할 수 있거든" 하고 한 번 더 얘기를 하면 아이들은 "아, 그렇구나" 하면서 또 순순히 나간다. 그런데 이때 엄마들이 꼭 이렇게 한마디 한다. "너 자꾸 그러면 엄마가 빨리 못 끝내잖아. 너 두고 봐" 내지는 "네가 자꾸 그러니까 내가 상담을 못하잖아" 식으로 표현한다. "네가 자꾸 들어오니까 엄마가 말을 못하잖아"와 내가 표현한 "네가 나가면 선생님이 시작할 수 있거든"이라는 말은 모두 아이를 대기실로 나가게 하기 위한 말이지만 상대방에게 주는 느낌은 전혀 다르다. 후자는 아이한테 정보를 주는 것이고, 전자는 아이를 비난하고 탓하는 것이다.

우리나라 부모들은 순간순간 아이와 부정적 의사소통을 많이 한다. 예를 들어, 아이가 피자를 사달라고 한다. 그런데 지금 상황은 저녁 식사 준비가 이미 끝났고 피자 배달도 어려운 시각이다. 이런 경우 엄마들은 "오늘 피자 가게 문 닫아서 못 사. 내일 문 열면 사줄게"라고 말하는데, 이 말을 "그래, 내일 사줄게.

361

오늘은 어렵겠다"라고 바꿔야 한다. 전자는 부정적인 의사소통이고, 후자는 긍정적인 의사소통이다. 이 둘이 아이에게 미치는 영향은 상당히 다르다. 부정적인 의사소통은 아이에게 분노와 화를 만들어줄 수 있다. 또 아이에게 부정적인 답변을 불러일으키고, 부모 자신의 기분도 상하게 하는 경우가 많다. 하지만 같은 메시지라도 긍정적인 의사소통은 두 사람의 마음을 모두 편하게 한다. "사줄게"라는 말을 처음에 했기 때문에 아이는 부모가 일단 자신을 포용해주었다고 느낀다. 하지만 "안 돼, 못 사" 하면 자신을 거절하고 거부했다고 느껴 기분이 상한다. 부정적인 의사소통은 엄마의 욕구를 먼저 챙긴 것이고, 긍정적인 의사소통은 아이의 욕구를 먼저 배려한 것이다. 또한 전자는 엄마의 욕구와 함께 '이렇게 해야 한다'는 압력이 들어가고, 아이의 욕구는 좌절된다. 이것은 아주 경미한 협박과도 같다. 느닷없이 이런 이야기를 하는 까닭은 부부간의 의사소통에서도 이런 모습이 자주 보이기 때문이다. 번역기를 가동하여 배우자의 마음의 소리를 듣고 배우자가 좋아하는 방식으로 동사를 바꾸었다면, 그다음에는 반드시 '긍정적인 의사소통 방식'을 쓰라는 것이다.

주말에 아내가 남편에게 아이를 학원에 데려다주고 데려오라는 부탁을 한다. 이럴 때 대부분의 남편은 '내가 이걸 오케이하면 매주 해야 하는 거 아니야?'라는 생각이 들어 지레 겁을 먹고 "어렵겠는데"라고 대답한다. 이렇게 나오면 아내는 당연히 서운하다. 이럴 때 남편들은 긍정적인 의사소통을 해야 한다. "알았어. 해줄게. 해주는데, 어쩌다가 회사에서 세미나가 있거나 내가 꼭 가야 하는 결혼식 같은 것이 있을 때는 미리 얘기할게. 그런 것은 좀 양해해줘" 식으로 말해야 한다. 남편들이 '내가 지금 아내의 요구에 오케이하면 앞으로도 절대적으로 해야 한다'라고 생각하는 것은 좀 융통성이 부족한 면이 있지만 한편으로는 책임감이 강하기 때문에 드는 생각이다. 아내와 대화할 때는 이것이 갈등 유발의 원인이 되기도 한다. 남편들에게 해주고 싶은 말은, 당신의 아내는 생각보다 융통성이 있다. 약속했으니 이유 불문하고 반드시 지키라고 우기지 않는다(나는 대부분의 아내들이 그렇다고 믿는다). 그러니 그런 걱정은 하지 않아도 된다. 하지만 그래도 걱정이 된다면 미리 긍정적인 의사소통으로 표현해두라는 것이다.

아빠, 모르는 영역을 접해도 불안해하지 않는다

아빠들은 자신이 모르는 영역을 불안해하고 불편해한다. 그리고 그 모르는 영역에 대해서는 대화도 회피하고 개입 자체를 꺼린다. 사람에게는 누구나 그런 습성이 있지만 아빠들이 특히 심하다. 원시인류의 사냥꾼 기질을 간직하고 있는 아빠들은 자신이 잘 대처하지 못하는 것은 지는 것이라 여기고 본능적으로 죽임을 당할지도 모른다는 불안감이 있다. 때문에 자신이 잘할 수 있는 것만 하려고 한다. 회사일은 자신이 잘 아는 것이므로 회사와 관련된 일은 이해도 잘하고 뭐든 나서서 챙긴다. 그런데 정작 내 아이에 대해서는 잘 모른다. 어떤 학원에 다니는지, 몇 반 몇 번인지, 입시제도가 어떠한지 아빠들은 도통 모른다. 그렇다면 차근차근 물어봐서라도 알려고 하면 좋으련만 아빠들은 "모르겠어. 당신이 알아서 해"라고 쉽게 말해버린다. 회사 직원에 관한 일이라면 사돈의 팔촌을 찾아서라도 부탁하고 해결해주면서, 정작 내 아이에 관한 것은 "몰라, 몰라, 알아서 해"라고 하는 아빠들의 모습. 엄마들은 '자기 할 일은 안 하면서 쓸데없이 오지랖만 넓어가지고'라고 생각할 수 있다. 그런데 아빠 입장에서는 회사일은 자신이 할 수 있으니까 하는 것이고, 아이와 관련된 일은 전혀 모르기 때문에 할

363

수 없다는 것이다.

 나는 상담을 받는 엄마들에게 "아이의 일에서 아빠를 너무 배제시키지 말라"고 조언한다. 아빠들이 아이와 아내를 사랑하지 않고 무성의해서 관심을 안 보이는 것이 아니라, 내 아이에 관한 일을 어떻게 처리해야 하는지에 대한 개념이 없기 때문이다. 너무나 오랫동안 배제되었고, 누구도 제대로 알려준 사람이 없는 데다가, 모르는 영역에 대한 거부 반응과 불안 반응 때문에 그러는 것이다. 아빠들을 양육과 집안일에 참여시키려면 그것에 대한 정보를 주어야 한다. 정보를 줄 때는 잔소리로 하지 말고 번거롭더라도 일목요연하게 정리된 브리핑 자료로 보여준다. 그래야만 아빠들이 상황을 제대로 파악한다. 상황이 파악되면 아빠들은 의외로 좋은 의견을 내기도 하고, 어떤 문제에 부닥치면 적극적으로 문제 해결을 위한 방안을 제시하기도 한다. 아이는 혼자 키워서는 안 된다. 아이에게 엄마의 존재, 아빠의 존재는 그 역할만으로 설명될 수 있는 것이 아니라, 항상 엄마의 자리, 아빠의 자리에서 아이와 함께 살고 있다는 것에 더 큰 의미가 있기 때문이다. 즉, 존재만으로도 아이에게는 의미가 있는 것이다. 두 사람 중 누구 하나의 빈자리는 상상할 수 없는 커다란 결핍을 낳는다.

 "당신이 언제 도와준 적 있어?" 아빠들에게 이런 감정적인 비난을 하지 말자. 솔직히 남자들은 감정적인 말, 정서적인 말이 섞이면 오히려 의사소통이 잘 되지 않는다. 말의 핵심을 파악하는 데 어려움을 겪기 때문이다. 감정적인 표현을 다 빼고 '사실(fact)'을 알려주어 아빠가 이 상황에 대한 개념이 생길 수 있게 해주어야 한다. 그리고 아빠가 할 수 있는 제한적이고 명확한 역할만을 주어야 한다. 아빠들은 "당신은 아빠니까 잘해야지"라는 말을 들으면 '뭘 어떻게 잘하라는 거지?' 하고 고개를 갸우뚱한다. 아빠들은 '잘'이 뭔지 정확히 모르는 경우가 많다. 그보다는 "평일은 내가 알아서 할 테니까 주말에는 이런저런 것 좀 해줘"라고 구체적으로 말하는 것이 좋다. 주말에 집에서 널브러져 있는 남편에게도 "내가 오전에는 아이랑 나갔다 올 테니까 충분히 쉬어"라고 확실히 배려해주고, "그 대신 점심 먹고 나서는 정신을 좀 차려서 아이랑 놀아줘" 혹은 "마트 좀 같이 다녀오자"라고 말한다. 아침부터 짜증 섞인 말로 달달 볶는 것보다 배려할 것은 확실하게 배려하고, 요구할 것은 정확하게 요구하는 것이 훨씬 효과적이다.

아내가 남편한테 정확히 알려주어야 하는 것이 또 하나 있다. 바로 남편이 아이와 시간을 보내는 법이다. 사실 아빠들은 아이와 단둘이 있는 상황에 처하면 상당히 불안해한다. 아빠들은 그 시간에 아이와 어떻게 놀아야 할지를 모른다. 아이와 노는 것 또한 자신이 잘 모르는 영역이기 때문이다. 아빠가 아이와 시간을 많이 보내기를 원한다면 엄마들이여, 아빠들에게 한번 물어봐라. "당신이 아이와 시간을 보내는 것은 아이에게나 당신에게나 좀 필요해. 그런데 아이랑 있으면 좀 힘들지? 그 이유가 무엇인 것 같아?" 그러면 아빠들도 솔직하게 대답해라. "아이가 나하고 노는 것을 별로 좋아하지 않는 것 같고, 나도 사실은 어떻게 놀아야 하는지 모르겠어." 엄마들에게는 별것 아닌 것 같지만 아빠들은 아이와 있는 시간이 막막할 수도 있다. 이럴 때 엄마들이 아빠에게 아이가 좋아하는 것을 살짝 알려주면 아빠들은 아주 요긴하게 사용할 수 있다. "아이가 찜질방 가는 것을 좋아하니까 둘이 같이 가봐. 가서 아이가 좋아하는 식혜도 사주면서 이야기도 들어주고 그래. 아 참, 학용품 살 것이 있다고 했는데, 같이 문방구에 가는 건 어때?" 엄마들이 이렇게 코치해주면 아빠들도 조금씩 아이와 있는 시간을 편안하게 느끼게 된다.

아빠들을 위해 팁을 주자면, 아이와 친해지는 모범 답안은 매일 최소 20~30분씩 놀아주는 것이다. 불가능하다면 주말의 반나절만큼이라도 아이와 함께해라. 주말에는 다른 일보다 아이와 대화하는 것을 더 중요하게 여겼으면 좋겠다. 정말 피곤하다면 오전에는 좀 자고, 오후 시간을 아이와 보낸다. 신나게 놀아주라는 것이 아니라 그 시간은 아이와 무엇을 하든 함께 보내라는 것이다. 처음에는 그냥 한 공간 안에만 있어도 좋다. 옆에 가만히 있어주는 것부터 시작한다. 아이가 장난감을 가지고 놀 때 옆에서 TV를 보고 있으라는 것이 아니라, 아이가 노는 모습을 가만히 지켜봐주라는 것이다. 놀이 중간중간에 아이가 뭔가 재미있어할 수 있다. 그러면 웃으면서 "재밌어?"부터 시작해라. 아이와 그 시간을 공유하는 것이다. 아이가 조금 컸다면, 주말에 아이랑 아이스크림을 사러 나가든 마트를 가든 함께 조금 긴 외출을 하는 것이 좋다. 뭔가 아이와 대화를 해야 한다거나 재미있게 놀아야 한다는 부담은 버려라. 같이 걸어가면서 아이스크림 먹는 아이를 보며 "맛있냐?" 하고 가볍게 말도 걸어본다. "오늘은 날씨가 좀 춥다" 정도의 말도 괜찮다. 아빠들은 이런 시간이 주어지면, 그 시간을 꼭 훈육의 시간으로 삼으려 든다. 그러지 말고, 그냥 마음 편히 아이와 공유하는 시간을 갖는다. 반나절이 힘들다면 주말에 30분씩 두 번이라도 해주어야 한다. 내가 잘하는 말이, 아이와 친해지려면 연애하는 심정이 되라는 것. 그 시간만큼은 가르치려 하지 말고 바라보고만 있어라.

엄마, 잘한다고 지나치게 자만하지 않는다

소아청소년 정신과를 개원한 지 어느덧 오랜 시간이 흘렀다. 개원하기 직전부터 각종 TV 자녀교육 프로그램에 출연하며 수많은 부모를 만났다. 그러면서 느낀 것은 그래도 요즘 아빠들은 옛날 아빠들에 비해 많이 다정해졌다는 것이다. 그럼에도 불구하고 다정한 남편들조차 육아나 집안일은 자기 일이 아니라고 생각한다. 하더라도 도와준다고 생각한다. 이런 아빠들에게 '육아나 집안일에서의 평등'을 이야기해봤자 전혀 공감하지 않을 것이다. 평등을 너무 따지면 서로 억울해한다. 현실적인 조언을 하자면, 아빠들을 붙잡고 평등을 운운하는 것보다는 조금씩 육아와 집안일이 아빠들과 연관되도록 엄마들이 머리를 써야 한다.

간혹 "아이는 내가 키울 테니 당신은 돈이나 벌어와"라면서 부모의 역할을 확실히 나누는 집들이 있다. 엄마들은 발 빠르게 정보를 쫓아다니면서 그때그때 대처하고 남편이 아이 문제에 신경 쓰지 않도록 미리미리 해결한다. 그랬을 경우, 아이는 대학까지는 가겠지만 그 이후의 문제를 스스로 해결할 수 있는 지혜를 갖지 못한다. 아버지의 역할 부재 때문이다. 아빠의 자리는 엄마가 아무리 열심히 애써도 채워지지 않는다. 아빠가 뻔히 있음에도 불구하고 마치 없는 것처럼 엄마 혼자 아이를 키우면, 아이는 아빠와의 정서적 간격을 좁히지 못하고 제대로 된 남성상을 가질 수 없다. 사회생활에서 인간관계를 헤쳐나가는 노하우를 배우지도 못하고, 이다음에 결혼 생활을 할 때도 제대로 된 부모 역할을 하기 어렵다. 또한 아이가 떠나면 엄마와 아빠 두 사람은 어색한 사이가 된다.

엄마 혼자 너무 씩씩하게 아이를 키우면 아빠들은 대문 안으로 안 들어온다.

엄마가 집에서 아이를 너무 잘 키우고 있기 때문에 자기가 비집고 들어가봐야 베테랑인 엄마만큼 아이와 관계 맺을 자신이 없다. 어렵사리 비집고 들어가도 핀잔만 들을 것이 뻔하기 때문에 차라리 안 하는 것이 낫다고 생각한다. 밖에 나가서 정치, 사회, 주식 얘기를 하면 주위에서 귀를 기울이고 칭찬도 해주는 등 심리적 보상을 받을 수 있기 때문에 아빠들은 자꾸 밖으로만 나가려고 한다. 따라서 아빠를 육아나 집안일에 끌어들이려면 내가 너무 잘하고 있는 것처럼 행동하면 안 된다. "여보, 나 혼자는 어려워. 나 혼자는 못 하겠어. 아이의 이런 점은 나도 어떻게 해야 할지 모르겠어"라고 남편에게 말한다. "나는 아이한테 이렇게 헌신하는데 당신은 뭐야?" 또는 "당신도 이 정도는 해야 하는 거 아니냐?" 하는 식으로 말하면 아빠들은 더 멀리 도망가버린다.

그렇다면 구체적으로 어떻게 남편들을 유도해야 할까? 무조건 남편에게 "좀 도와줘야 하는 거 아니야?"라고 말하면 뭘 도와줘야 하는지 모르지만, "여보, 내가 설거지하는 동안 아이를 안고 있어줘"라고 말하면 쉽게 그 상황을 받아들이고 들어준다. 외벌이의 경우, 아내가 남편한테 도와달라고 하면 남편들 중에는 이런 상황을 잘 이해하지 못하는 사람들이 있다. 그들은 낮에도 피곤하게 일했는데 집에 와서까지 일을 해야 하나 생각한다. 외벌이 가정의 아내는 남편을 육아나 집안일에 끌어들이려면 반드시 남편이 도와줄 수밖에 없는 당위성을 설명해야 한다. 남편에게 도와달라고 하는 일은 남편 자신도 뿌듯함을 느끼고 칭찬을 받을 수 있는 일, 즉 잘할 수 있는 일로 선택한다. 말을 할 때는 "나머지는 내가 다 알아서 할 테니까 이 정도만 해줘" 식으로 한다. 그리고 뭐든 남편이 해주면 잘했다고 칭찬해준다. 남편이 한 일이 마음에 썩 들지 않는다고 핀잔을 주면 '기껏 해줬더니 투덜거리기나 하고, 다음에는 아예 하지 말아야지' 하고 생각할

수 있다. 때문에 남편이 집안일이나 육아를 도와주면 반드시 칭찬을 해주는 것
이 필요하다.

　한 가지 기억할 것은, 가사는 아빠들의 의식 때문이 아니더라도 평등하게 나
누는 것이 불가능하다. 그 이유는 엄마와 아빠가 각자 잘할 수 있는 일이 다르기
때문이다. 엄마들은 보살피는 일을 잘하지만, 아빠들은 잘 못 한다. 때문에 똑같
이 나누기보다 서로 잘할 수 있는 일로 분업하는 것이 좋다. 예를 들어, 목록을
적어주고 마트에 가서 장을 봐오라고 하면 아빠들도 잘할 수 있다. 그동안 아이
는 엄마가 보는 것으로 일을 나누면 된다. 하지만 반대로 남편이 아이를 보고 아
내가 장보기를 하면, 한쪽은 효능감을 느끼지 못해 다음부터는 그 일을 하기 싫
어진다. 간혹 "오늘은 내가 밥을 할 테니, 내일은 자기가 밥해" 하면서 모든 일
을 똑떨어지게 반으로 나누고 싶어 하는 부부가 있다. 나는 그런 부부는 마음속
억울함이 심하다고 본다. 육아나 집안일에 있어서 내가 이 사람을 위해 해주는
것이 뭔가 억울할 때, 부부 갈등이 일어난다. 근본적으로 육아나 집안일은 깔끔
하게 반으로 나눠지지 않기 때문이다. 이런 부부들은 자신들의 내면에 어떤 억
울함이 있는지, 왜 그런 억울함이 생겼는지 전문가와 상담해보는 것이 필요
하다.

육아와 집안일은 가장 고귀한 노동이다

"내가 밖에 나가서 얼마나 힘들게 돈을 버는데, 집에 와서만큼은 좀 편안하게
쉬면 안 돼?"라고 아빠들은 말한다. 자기가 밖에 나가서 일하는 것을 엄청난 태

산을 지고 온 것처럼 군다. 남편이 이렇게 나오면 전업주부인 엄마들은 "집에서 살림하고 아이 키우는 일은 가치가 없는 줄 알아?"라며 화를 낸다.

아빠들은 가끔 자신들이 대단한 일을 하는 양 으스대고, 엄마들은 별것 아닌 일을 한다고 평가 절하하지만, 집안일은 생각보다 노동량이 많다. 한국여성정책 연구원에서는 '전업주부의 연봉을 찾아라'라는 제목으로 가사 노동의 가치를 돈으로 환산하는 프로그램을 제공한 바 있다. 프로그램은 하루 동안 주부들이 하는 일을 40여 개의 항목으로 세세히 나누어서 각 노동 시간을 계산해 월급으로 환산한 것이다. 식사 준비, 설거지, 식후 정리, 간식 및 저장식품 만들기, 세탁 및 세탁물 널기, 옷 정리, 다림질, 바느질, 의류 손질, 세탁, 의류 수선 서비스 받기, 방·물품 정리, 집 청소, 그 외 청소 및 정리, 가재도구·집 손질 및 관련 서비스 받기, 장보기, 쇼핑, 내구재 구매 관련 활동, 무점포 쇼핑, 가계부 정리, 가정계획(저축, 가족 회의), 은행 및 관공서 일 보기, 미취학 아이 보살피기(신체 돌보기, 책 읽어주기, 놀아주기, 간호하기), 초·중·고등학생 보살피기(씻기기, 등·하교 도와주기, 숙제 및 공부 봐주기, 선생님과 상담 및 학교 방문), 배우자 보살피기, 부모 및 조부모 보살피기 등이 그 항목이다. 이 프로그램을 기반으로, 부모를 모시지 않는 초등학생과 유치원생 아이를 둔 30대 전업주부의 가사 노동을 월급으로 환산해보면 약 430만 원이 넘는 돈이 추산된다. 또 아이가 한 명 있는 전업주부도 가사 노동의 가치가 월 300만 원이 넘게 평가되었다. 연봉으로 따지면 3,000만 원에서 5,000만 원에 해당하는 큰돈이다. 어떤 아빠들은 이 결과를 보고 집에서 놀면서 하는 일에 너무 후한 가치를 준 것 아니냐고 반문할 수도 있겠다. 하지만 이것은 다른 나라에 비하면 낮은 수준이다. 캐나다의 경우 전업주부의 연봉을 1억 2,000만 원, 미국의 경우 1억 1,000만 원, 영국의 경우 5,500만 원으로 보고 있다.

　그동안 우리는 육아나 가사 노동을 평가절하해왔다. 솔직히 이러한 인식은 아빠들보다 엄마들 자신이 더 심했다. 전업주부로 있는 것보다 사회생활을 하고 돈을 버는 것이 더 가치 있다는 생각이 엄마들의 무의식 속에 잠재해 있다. 하지만 냉정하게 가치를 비교해보면 그렇지도 않다. 어쭙잖게 아이들이 엉망이 되는 경우도 있고, 아이를 맡기는 비용이 더 많이 들어가서, 돈을 벌었는데 따져보니 지출이 더 많은 경우도 있다. 물론 사회적 활동이 경제적인 이득만을 의미하지는 않지만, 우리 마음속에서는 그것을 경제적인 잣대로 환산해 자꾸 비교하려고 든다. 사실 육아나 가사 노동은 감히 금전적인 것으로 환산할 수 없는 영역이다. 그 일은 인간의 존재를 가능하게 해주는, 사람을 사람으로서 살게 해주는 근본과 같은 일이다.

　아빠들은 알아야 한다. 아빠들이 회사에서 편안하게 일할 수 있는 것은, 엄마들이 집안의 모든 일을 다 처리해주기 때문이다. 미국의 경제학자들은 아내의 보살핌이 남편의 수입에 어떤 영향을 주는지 조사했다. 교육 수준과 배경이 비슷한 기혼 남성과 미혼 남성을 비교한 결과, 기혼 남성이 10퍼센트 이상 더 번다는 사실을 발견했다. 그런데 아내가 전업주부인 경우, 기혼 남성이 미혼 남성에 비해 30퍼센트 이상 더 많이 번다고 밝혀졌다. 그런데 아내가 일을 할 경우는 그 차이가 5퍼센트 내외로 줄어들었다. 하나하나 따지고 보면 작은 것 같지만, 그 작은 알갱이가 모여서 아이들이 건강하게 자랄 수 있는 것이다. 또한 알뜰한 아내 덕분에 남편은 집에 들어왔을 때 온기를 느낄 수 있고, 아이와 아빠는 조미료가 덜 들어간 된장찌개를 먹을 수 있다. 아빠들이여, 오늘 당신이 하찮다고 느낀 가치들에 대해 한 번쯤 생각해보는 기회를 가졌으면 좋겠다. 또한 부탁하건대, 혹여 아내가 남편에게 도움을 요청하면 그 문제만큼은 무조건 들어주길 바란다. 아내 입장에서는 반드시 남편과 의논해야 한다고 판단한 끝에 도움을 청한 것이기 때문이다.

행복한 사람이 되려면

불안에 휘둘리지 않으려면 상대의 불안을 공유해라

사람은 누구나 불안하다. 나 또한 불안이 있다. 나는 아기를 낳을 때 역아여서 제왕절개를 해야 했다. 그때 나는 반드시 척추마취를 해달라고 담당의에게 요구했다. 혹시 내가 못 깨어날까 봐 불안했기 때문이다. 고등학교 3학년 때 맹장 수술을 할 때도 수술을 맡은 담당의로부터 "넌 참 이상한 애다"라는 말을 들으면서까지 척추마취를 해달라고 우겼다. 나는 그때도 내가 깨어나지 못할까 봐 불안했다. 나는 나 자신을 통제할 수 없는 순간에 가장 불안을 느낀다. 그래서 끊임없이 나를 컨트롤하려고 든다. 때문에 지나치게 완벽주의자처럼 행동하고 머릿속에 걱정이 생기면 바로바로 해결해야 직성이 풀렸다. 주변 사람 중에서도 자신을 너무 통제하지 않는 게으른 사람을 싫어했다. 그런데 직업이 정신과 의사인지라 정신분석도 받고 나 자신을 끊임없이 훈련시켜서, 요즘은 내 생각과 다른 사람을 보는 것도 많이 편안해졌고 내 자신을 통제하지 못하는 순간에도 예전보다 덜 불안하다. 또한 내 안의 불안으로 인해 타인에게 영향을 주지 않으려고 끊임없이 노력한다.

나의 남편도 불안이 있다. 솔직히 남편의 불안은 원초적이고 거의 공포 수준이다. 남편은 우리 아이가 태어나서 신생아실로 이동하는 순간을 1분 1초도 놓치지 않고 캠코더로 촬영을 했다. 누군가 말을 시켜도 대답도 않고 1초도 아이에게서 눈을 떼지 않았다. 가만히 지켜보던 나는 남편에게 물었다. "아기 바뀔까봐 그렇지?" 남편은 바로 "어"라고 대답했다. 또 한번은 아이가 여섯 살 때인데, 전쟁이 날 것 같다며 온 식구 수대로 방독면을 구입했다. 그런데 6세용 방독면이 없어서 남편은 외국 사이트까지 뒤져 어렵게 구입했다. 그 방독면은 이후 내가 처음 개원한 병원 대청소를 할 때 요긴하게 사용되었다.

나의 아버지도 만만치 않게 불안이 많으시다. 아버지는 너무나 어려운 시대에 태어나셔서 고생을 많이 하신 탓에 늘 생계에 대한 걱정이 크셨다. 일제강점기와 6·25까지 겪으셔서 항상 최악의 경우를 상상하며 대비하는 버릇이 있으셨다. 어렸을 적 우리 집에는 늘 쌀벌레가 날아다녔다. 아버지가 전쟁에 대비해 쌀한 가마니를 늘 상비해놓으셨기 때문이다. 덕분에 나는 어린 시절부터 결혼을하기 전까지 햅쌀을 먹어보지 못했다. 또 우리 집에는 1960년대에나 볼 수 있었던 석유곤로가 창고에 고이 모셔져 있다. 이 또한 전쟁이 나면 전기나 가스가 끊기는 데 대비한 것이다.

하지만 나는 나와 내 남편, 아버지의 불안으로 별로 불편한 것이 없다. 내 자신과 그들의 불안의 특성을 잘 알고 있고, 그 불안의 본질을 알고 있으며, 그들의 불안을 줄일 줄 알기 때문이다. 아버지가 심한 불안에 걱정이 지나치면 "아버지, 이미 끝난 일이에요. 더 이상 생각하지 마세요"라며 불안을 끊어줄 수 있다. 남편이 아이가 숙제를 미리미리 안 해놓는다고 걱정하면 "그런데 그건 아들 문제잖아, 여보"라고 일깨워줄 줄도 안다. 그리고 아버지나 남편도 본인의 불안을 잘 알고 있어서 "그래, 맞아. 그런데 내가 그게 안 돼서 걱정이야"라고 말한다. 사실 누구에게나 불안은 있다. 사람들이 제각각 성격이 다르고 사는 방식이 다르듯 불안도 여러 가지 형태로 존재한다. 하지만 불안의 실체를 알고 잘 조절할 줄만 알면, 불안은 없는 것보다 어느 정도 있는 편이 낫다. 약간의 불안은 오히려 집중력을 높여 일의 효율을 높인다. 불안은 그 적당한 정도를 넘어설 때 문제가 된다. 만약 배우자가 그 적당한 정도의 불안을 넘어서는 것 같다면 불안을 지적하고 비난할 것이 아니라, 상대가 불안의 본질을 들여다볼 수 있게 해주어야 한다. '아, 내가 지나친 행동을 하고 있구나'라고 깨우치게 해주어야 한다. 또는 그 사람의 불안을 같은 시각으로 바라보면서 하나하나 문제를 풀 듯 지워주는 것도 좋은 방법이다.

강박증이 있는 남자가 있었다. 치료를 받아야 될 정도는 아니었지만 그 사람은 걸어가면서 자꾸 뒤를 돌아보는 버릇이 있었다. 이유는 자신이 무언가 떨어뜨릴까 봐 걱정되기 때문이었다. 내가 물었다. "만약 잃어버린다면 뭘 잃어버릴 거라고 예상하세요?" "지갑이요." "지갑에 뭐가 들어 있는데요?" "주민등록증이랑 카드랑 돈이랑…." "그럼 5만원 정도는 잃어버려도 되지요?" 했더니 "괜찮아요"라고 대답했다. "카드는 잃어버리면 재발행하고 신고하면 되지요?" "네." "주민등록증도 재발급하면 되지요?" 했더니 "그런데 누가 도용하면 어떻게 해요?"라고 걱정했다. "도용하려고 마음먹으면 주민등록증 없어도 다 도용할 수 있어요." 여기까지 대화가 진행되니, 그 사람은 자신이 쓸데없는 걱정을 한다는 것을 깨달았다. 보통 이렇게 일깨워주면 자신이 어떻게 불안을 해결해야 할지 답이 보인다.

불안은 자신이 인생에서 중요하게 생각하는 가치관으로 인해 생겨나는 수가 많다. 때문에 배우자와 그것을 끊임없이 공유하는 것도 상대의 불안을 줄여주는 방법이 된다. 예를 들어, 어떤 엄마가 직장에 나가야 해서 아이를 어린이집 종일반에 맡겨야 하는 상황이다. 엄마는 아이가 자신과 잘 떨어지지 않을 것 같아 걱정이지만, 한편으로는 자신이 집에만 있으면 너무 슬프고 무가치한 인간이 되는 것만 같다. 그럴 때 평소 배우자와 가치관이 공유되어 있으면 아내의 불안을 남편이 낮춰줄 수 있다. 상위의 가치관이 '일'이라고 생각하는 엄마가 "아이가 나한테서 잘 떨어질까? 선생님이 얘 미워하면 어떡하지?" 등의 수만 가지를 걱정한다면, "당신 걱정은 알겠는데, 그곳 교사들 그러지 않을 거야. 만약 그런 일이 있었다면 엄마들 사이에서 벌써 소문도 났겠지. 내 생각에는 그 정도면 믿을 만한 기관인 것 같아. 당신에게는 아이를 돌보는 것도 중요하지만, 아이 돌보면서 집에 있는 상황이 당신을 너무 힘들게 해서 결정한 거잖아. 당신이 이것이 중요하다고 결정한 이상, 한번 시작해보자. 그리고 혹 문제가 생기면 같이 의논하자"라고 얘기를 해줄 수 있다. 이런 배우자가 참 좋은 배우자다. 그러려면 평소 배우자가 어떤 가치관들을 중요하게 생각하는지 알아서 공감대를 형성해야 한다. 이를 위해 평소 부부 사이에 대화를 자주 하여 서로에 대한 이해가 있어야 한다. 그렇지 않으면, 주변의 여러 가지 일상이 상황에 따라 흔들리게 된다. 배우자가 불안을 느끼면, 자신도 그 불안에 영향을 받고 당사자의 불안도 높이는 결과를 낳을 수 있기 때문이다.

불안을 자각하지 않으면 아이에게 대물림된다

부모가 되고 나서 더 불안해지는 사람들이 있다. 아이가 생기고 나서 지금까지 말한 정도의 불안이 아니라 치료를 요하는 정도의 불안이 생겨나는 경우, 진료를 해보면 불안의 뿌리는 어린 시절 부모와 함께했던 기억에서 발견된다. 그 기억에는 대부분 부모와의 관계에서 안정되고 충분히 사랑을 받았던 느낌이 없다.

방송에서 만난 한 엄마는 어린 시절의 아버지를 이렇게 기억했다. "저희 아버지는 잘해줄 때는 무척 잘해주셨는데, 뭔가 잘못되면 정말 불같이 화를 내셨어요." 얘기를 들어보니 아버지의 화는 대부분 본인의 불안 때문이었다. 그 엄마는 어린 시절 농사를 짓고 소를 키우는 시골에 살았다. 한번은 엄마가 친구랑 놀고 있는데 아버지가 저 멀리 언덕에서 내려오시는 것이 보였다. 아버지의 얼굴은 마치 불화산처럼 붉은색이었다. 자기를 죽일 것처럼 눈을 부릅뜨고 알아들을 수 없을 만큼 큰 소리로 악을 쓰고 있었다. 아버지가 화가 난 이유는, 아이였던 그 엄마가 외양간 문을 닫지 않고 나가서 소가 없어졌기 때문이었다. 분명 엄마는 외양간 문을 닫았다. 외양간 문이 열린 것은 소가 심하게 몸부림을 쳤기 때문이었고, 다행히 소는 얼마 지나지 않아 마을의 다른 집에서 발견되어 사건은 마무리되었다.

나이가 들면서 당시 아버지의 화를 이해하지 못할 것도 없었다. '우리 아버지가 성격이 유별나서 그렇지, 나를 미워하셨던 것은 아니었지'라고 좋게 생각할 수 있지만, 안타깝게도 그 당시 느꼈던 죽을 것 같은 공포는 해결되지 않은 불안으로 자신의 내면 깊숙이 간직되었다. 아이를 낳은 후, 깊이 간직된 불안은 다른 형태의 불안으로 표출되었다. 이 엄마는 늘 무슨 일이 생길까 봐 걱정이 되어 아이를 밖으로 한 발짝도 데리고 나가질 못했다. 찬바람을 쐬기라도 하면 감기에 걸릴 것 같고, 밖에 나가서 뭘 만지기라도 하면 병에 걸릴 것 같은 불안감에 시달렸다. 어쩌다 밖으로 데리고 나오면 머리부터 발끝까지 아이를 꽁꽁 싸맸다. 이 엄마는 자신 안에 그런 불안이 있는 줄도 몰랐다. 자신은 단지 아이를 건강하게 키우기 위해 한 행동이었기 때문이다. 엄마의 불안은 무의식적인 행동을 지배했다.

또 다른 엄마는 어린 시절 아버지가 부부 싸움을 하실 때마다 자꾸 물건을 부수었단다. 어렸을 때는 아버지의 그런 행동이 너무너무 싫었지만 커서는 '옛날 아버지들이 다 그렇지 뭐. 그래도 우리 아버지는 나를 사랑하셨으니까' 하고 이해하는 면도 있었다. 그래서 아버지와 그리 나쁘지 않은 관계로 지냈다. 그런데 이 엄마 안에도 어린 시절 느낀 감정이 불안으로 숨어 있었는지, 아이를 낳자 불안이 고개를 내밀었다. 이 엄마는 아이와 외출할 때마다 100미터 떨어진 곳에서 뭔가 떨어져서 깨지는 것 같으면 아이에게 그 뾰족한 가루가 묻었을까 봐 불안해했다. 그래서 집에 와서 아이 옷을 다시 갈아입히는 것은 물론, 목욕을 시키고 벗은 옷 속에 뾰족한 가루가 남아 있을까 해서 서너 시간에 걸쳐 살살이 찾곤 했다. 어떨 때는 아무래도 불안해서 입었던 옷을 다 버리기도 했다.

왜 어린 시절 몸속에 잔존해 있던 불안이, 아이를 낳기 전에는 가만히 숨어 있다가 아이를 낳으면 밖으로 표출될까? 무의식 속에 자리하고 있던 엄마들의 보살핌 본능이, 자신이 가지고 있는 문제로 아이를 오염시키지 않으려고 과잉 반응을 하는 것이다. 엄마들은 누구나 아이를 100퍼센트 무결점의 결정체로 지켜야 한다고 생각한다. 자신이 문제가 있을 경우, 혹 그것 때문에 아이가 오염되고 상처를 받을까 봐 더 예민해진다. 그런데 결과적으로 그 상황이 아이에게 좋지 않은 영향을 미친다. 아버지의 불안이 다른 형태로 엄마에게 전해진 것처럼, 엄마의 아이한테까지도 대물림되기 때문이다.

뭔가 극단적으로 용납을 못 하는 것, 남들이 보기에 지나친 것 같은 행동 뒤에는 자신이 어린 시절 간직했던 불안이 숨어 있는 경우가 많다. 때문에 '절대 안 돼. 결단코 싫어'라는 말이 붙는 자신의 행동에는 살며시 브레이크를 밟을 필요가 있다. 어렵더라도, 내 마음 편한 대로가 아니라 내 아이나 배우자가 원하는 방향대로 핸들을 돌리도록 노력해야 한다. 그래야 그들이 나의 불안에 영향을 덜 받는다. 혹 스스로 브레이크를 밟는 것이 어렵다면 반드시 전문가의 도움을 받아야 한다. 그리하여 자신을 들여다보고 근본적인 불안을 해결해야 한다. 그래야 나의 지나친 불안이 대물림되지 않는다.

엄마들만 어린 시절로 인한 불안이 있는 것은 아니다. 아빠들의 불안은 대체로 '강해야 한다'를 강요하는 형태로 존재한다. 아이에게 지나치게 "강해야 해! 너 세상이 얼마나 무서운 곳인 줄 아니? 눈 뜨고 있어도 코 베어 가는 세상이야"라고 말하고 있다면, 자신의 근본적인 불안을 들여다보아야 한다. 아빠들은 이렇게 말하면 아이가 더 강해질 것이라고 생각하지만, 아이는 그로 인해서 세상에 대한 불신감을 키우고 불안감이 커진다. 아이가 열이 펄펄 나서 학교에 못 갈 것 같다고 말해도 "그 정도 아프다고 학교를 빠져서는 안 돼"라고 말하는 아빠는, 아이가 조금만 아파도 쉽게 학교를 빠질까 봐, 학교를 빠지는 것이 습관이 될까 봐 하는 말이다. 아빠가 가진 '무조건 강해야 한다'는 식의 불안은 아이에게 그대로 전달된다. '강해져야 한다'는 것이 아이 인생의 최대 목표가 되어 아이에게 부적절한 기준을 만들어주고, 부적절한 지침을 줄 가능성이 많다. 간혹 아이가 자만할까 봐 칭찬을 잘 하지 않는 아빠들도 있다. 거의 모든 과목이 95점 이상이고 한 과목만 85점을 받아왔는데, 잘한 과목은 칭찬하지 않고 "왜 이건 85점밖에 못 받았니?"라고 혼을 낸다. 그러면 아이는 속상하고 서운하다. 어른이 되면 지금 부모의 행동을 이해하겠지만 그 순간에는 부모의 진심을 알 수 없어 아이의 마음속에 불안이 싹튼다. 칭찬할 때는 칭찬하고 위로할 때는 위로하고 바로잡을 때는 바로잡아야 한다. 그래야 아이의 마음속에 '아, 부모가 나를 사랑하고 있구나. 확실히 나를 위로하고 있구나'라는 기준이 생긴다. 기준이 분명해야 불안하지 않고 흔들리지 않는다.

원인적으로 보면 지금 엄마 아빠들의 불안은 그 부모들로부터 시작되었다. 하지만 그 부모들에게 물어보면 그들의 의도는 언제나 선했다. "강해져야 한다"며 아이에게 잔뜩 겁을 주었던 부모도, "이것도 안 돼, 저것도 안 돼" 하면서 지나치게 조심시켰던 부모도, "무조건 부모 말을 따라야지"라며 윽박질렀던 부모도, 당신의 자식이 당신 때문에 어린 시절의 불안을 키웠고 그 불안을 다른 형태로 표출하며 손자 손녀를 키우고 있다고 말하면, "내가 자식을 얼마나 사랑했는데…"라며 억울해하신다. 당신들도 자식을 사랑하는 마음에 먹을 것 못 먹고, 입을 것 못 입으면서 잘 되라는 말만 했는데, 그것 때문에 당신의 자식이 불안했고 인생이 힘들었다고 하면 쉽게 이해하지 못한다. 왜 이런 일이 벌어지는 것일까? 나는 우리네 많은 부모님이 우리를 사랑하셨지만, 올바른 사랑을 주시는 데는 조금 미숙했다고 생각한다. 올바른 사랑은 상대가 원하는 것을 주는 것이다. 그런데 그들 대부분은 자식이 원하는 사랑이 아니라 당신이 원하는 사랑을 하셨다. 그것은 각자의 배우자에게도 마찬가지셨다. 하지만 우리는 이런 사랑을 반복해서는 안 된다. 내 타입의 사랑이 아니라 그들 타입의 사랑을 주어야 한다. 그래야 마음속 불안과 갈등이 덜 생긴다.

예를 들면 이런 것이다. 아이가 친구네 집에 놀러 갔는데, 엄마는 평소에 아이가 그 집에 놀러가는 것을 싫어했다. 그 친구는 괜찮지만 그 집 부모가 시도 때도 없이 싸운다는 것을 알고 있었기 때문이다. 그래서 엄마는 아이에게 누누이 그친구 집에 가지 말라고 말했다. 그런데 아이가 엄마의 말을 어기고 그 친구 집에 갔다가 결국 친구 부모가 크게 싸우는 것을 목격하고 말았다. 아이는 겁에 질려 집으로 왔다. 그렇다면 지금 아이에게는 어떤 사랑이 필요할까? 아이는 "엄마, 나오늘 그 집에 갔는데, 개네 엄마 아빠가 막 싸우고 그릇도 던져서 깨지고 그랬어요. 너무 놀라고 무서웠어요"라고 말했다. 그럴 때 엄마는 아이를 안아주면서 "그래, 무서웠구나. 괜찮아, 괜찮아" 하며 보호와 위로를 해주면 된다. 그런데 그 순간 엄마들은 "그러니까 엄마가 가지 말라고 했잖아"라며 '엄마 말을 잘 들어야 안전하다'라는 가르침을 줄 수 있는 절호의 찬스라고 생각한다. 엄마가 이런 말을 하면 아이는 오히려 죄책감과 불안감이 가중된다. 엄마가 준 것은 사랑이 아니다. 받을 사람이 감정적으로 갖고 싶어 하는 것을 주는 것이 사랑이다.

지금 나의 선택을 믿어라

방송이나 병원에서 만나는 엄마 아빠들을 보면, 불안이 원인이 되어 육아 스트레스나 우울증, 아이의 문제 행동 등을 야기한 경우가 특히 많았다. 주변에서 들려오는 "이래야 좋은 아빠다, 이래야 좋은 엄마다" "부모는 이래야 한다"라는 말을 온전히 내 것으로 만들지 못하고 계속 수많은 정보만 접하다 오히려 자기 안에서 갈등을 초래했고, 그것으로 인해 부모들은 더 불안해졌다. 어떤 부모들은 아이가 자기한테 빚이 있다고 생각하고, 아이한테 빚을 받아야 할 것처럼 굴기도 했다. 불안하지 않으려면 자기 자신을 제대로 알고 인정하는 연습부터 해야 한다. 자기가 정말 원하는 것을 생각해보고 그 길로 가라는 것이다. 그것은 절대 틀리지 않다. 절대 나쁘지 않고, 여러 사람의 말에 휘둘릴 필요는 없다. 사람마다 중요하게 생각하는 것이 각각 다르듯이 제각기 다른 정답이 존재한다.

해결되지 않은 갈등 요소가 무의식의 저 바닥에 숨어 있다가 꼬물꼬물 올라오기 시작하면 사람은 누구나 불안해진다. 갈등 요소를 해결하려면 생각을 정리해야 한다. 그런데 아무리 생각을 해봐도 모르겠다면 배우자를 찾든, 가까운 지인에게 묻든, 전문의를 만나든, 객관적인 제3자와 의논을 해야 한다. 이 외의 의미 없는 다른 사람의 이야기는 참고하지 마라. 그들 역시 그들이 중요하다고 생각하는 자기 가치관을 이야기할 뿐이다. 그들이 하는 말은 당신에 대한 이해에서 나온 조언이라고 보기 어렵다. 당신한테 조언을 해주는 사람은 중립적이고, 당신에게 쓴소리를 할 수 있고, 당신의 이해에 도움을 줄 수 있는 사람이어야 한다. 아빠들의 경우, 존경하는 선생님이나 선배나 친구 중 진지한 대화를 할 수 있는 사람이라면 좋다. 하지만 술자리에서 호형호제하는 사람들의 조언은 별 도움이 되지 않는다. 음주에 몰두되어 있는 그 자리는 뭔가 본질이 불안하고 공허한 경우가 많기 때문이다.

    불안하면 생각을 정리해라. 결단할 것은 결단하고 버릴 것은 버려야 한다. 그래야 불안하지 않다. 그렇지 않고 모든 것을 다 부여잡고 있으면 계속 불안할 수밖에 없다. 그런 상태에서 아이를 키운다면 아이 또한 불안해진다. 엄마는 불안하면 나타나는 여러 가지 행태들을 아이한테 그대로 하게 된다. 그렇게 되면 아이는 엄마가 느끼는 것보다 더 큰 불안을 느낀다. 엄마의 불안이 아이에게 전염되는 것이다. 아이들은 아직 정서 분화가 완성된 것이 아니어서, 부모가 보이는 애매모호한 감정적인 소통을 굉장히 불안하게 받아들인다.

    아이가 보기에 엄마 표정이 안 좋고 엄마한테 무슨 일이 있는 것 같아서 "엄마, 오늘 어디 안 좋으세요?"라고 묻는다. 그럴 때 아니면 아니라고 대답하고, 그러면 그렇다고 대답해야 한다. 만약 아니라고 대답을 했는데도 계속 표정이 안 좋아 보인다고 아이가 이유를 물으면 솔직하게 대답해야 한다. "사실은 아침에 아빠랑 말다툼을 했는데, 기분이 좀 안 좋아"라든지 "갑자기 벌금 통지서가 날아와서 걱정이야"라고 솔직히 말해야 한다. 정말 아니면 "정말 아니야. 신경 쓸 것 없어"라고 말하고 표정을 바꿔야 한다. 만약 이렇게 하지 않고 "신경 쓰지 마"라는 말만 하면서 계속 침울하게 있으면 아이는 순간 불안해진다. 엄마들은 아이가 걱정할까 봐 그렇게 말했다고 하지만, 그런 행동은 아주 모호한 의사소통 방법이기 때문에 아이의 불안을 더 증폭시킨다. 아이도 집안이 망했다는 것을 느끼고, 아빠가 큰 빚을 졌다는 것도 알고 있고, 부모가 싸우는 소리도 듣는다. 그런데 부모가 계속 "아니다"라고만 하면서 구체적인 설명을 해주지 않으면 아이는 상황을 정확히 알지 못해 굉장히 불안해진다. 때문에 경제적인 문제이든, 건강 문제이든, 아이에게 어느 정도는 솔직히 말해주는 것이 필요하다.

예를 들어 아빠가 사업에 실패했다면, 아이들에게도 이 상황을 설명해주고 "엄마 아빠가 이 위기를 극복하려면 1~2년은 걸릴 것 같아. 그 동안 너희들은 이런저런 것들을 도와주었으면 좋겠다"라고 말해주어야 한다. 그래야 아이들이 덜 불안해한다. 사실 이런 상황이 되면 되레 엄마들이 많이 불안해한다. 하지만 인생을 살아가다 보면 위험한 고비도 있고, 시기도 있다. 위기가 왔을 때 서로를 비난하고 탓하고 허우적대는 사람이 있는가 하면, 그래도 내일은 내일의 태양이 뜬다며 긍정적으로 극복해나가려는 사람이 있다. 이럴 때 우선은 자신의 현실에 맞게 생각을 정리해야 한다. 경제적 곤란을 겪거나 부모 중 누구 한 명이 병에 걸렸을 때는 부부가 협력해서 버텨내주는 것이 당연하다. 그런 쪽으로 생각을 정리해서 나가야 불안이 덜어진다.

사람은 늘 자신이 어떻게 하면 행복할지에 대한 기준이 되는 그림을 가지고 있어야 한다. 이 행복이 지금 살고 있는 인생과 많이 다른가에 대해서도 생각해 보아야 한다. 똑같지는 않겠지만, 그렇다고 많이 다르지도 않을 것이다. 그렇다면 그 안에서의 행복을 발견해야 한다. 그런데 우리는 종종 약간의 다름만 부각하여 지금 불행하다고 생각한다. 그때 결혼을 좀 늦게 했더라면…, 직장을 그만두지 않았더라면…, 임신을 조금 늦게 했더라면…, 아기에게만 집중했다면…. 물론 가지 않은 길에 대한 그리움과 아쉬움, 억울함과 기대는 누구에게나 있다. 하지만 가지 않은 길을 그리워할 필요가 없는 이유는, 내가 온 길은 내가 선택한 것이며 지금 내가 서 있는 길은 선택의 순간 내 세포 하나하나가 최선이라고 판단했던 길이기 때문이다.

대부분의 인생은 자신의 선택이 낳은 결과다. 그것을 자꾸 상황에 의해서, 또는 어쩔 수 없다, 라고 생각하지 말자. 자신의 선택은 '자신이 그려온 행복의 그림'에 의해서 결정된다. 때문에 우리는 '나는 어떻게 해야 행복할까'에 대한 주관적인 기준을 끊임없이 생각해야 한다. 그리고 거기에 맞춰 더 상위의 가치를 가진 것에 우선순위를 두고 서열을 정해야 한다. '나는 무슨 일이 있어도 아이 뒷바라지에 최선을 다할 거야. 나는 그래야 행복할 것 같아'라고 마음먹었으면, 아이가 대학 갈 때까지는 빚을 지더라도 그것을 가지고 신세 한탄을 하면 안 된다. 아이를 대학에 보내놓고 빚을 갚든, 아이에게 사회에 나갔을 때 돈을 벌어서 조금씩 갚으라고 하든, 자신이 최상의 가치를 두는 것에 따라 움직여야 한다. '나는 돈이 좀 부족하더라도 매일 여유롭게 살고 싶어'라고 생각했다면 다른 사람보다 물질적으로 풍족하지 않은 것에 대해 '우리 집은 왜 매일 이래?'라고 생각하지 말아야 한다. 자기 안의 가치관이 일관되지 못하면 어떤 모습으로 살든 언제나 불행하다. 반대로, 스스로 정한 최상의 가치에 대한 생각이 단단한 사람은 남들이 뭐라고 하든 언제나 행복할 수 있다.

집에서 아이만 키우면서도 자신의 삶에 만족해하는 엄마는 아이를 잘 키우는 것이 무엇보다 중요하다는 최상의 가치관이 잘 정립되어 있는 사람이다. 이런 사람은 아이를 키우는 것이 매우 행복하다. '아이를 키우고 나면 나는 뭘 하지? 나도 한때는 잘나갔었는데…' 하는 생각을 안 한다. 또 일을 하는 엄마로서 행복한 엄마는 '엄마로서의 역할뿐 아니라 내가 가진 사회적 역할도 굉장히 중요해'라는 최상의 가치관이 정립되어 있는 사람이다. 그런 사람은, 좀 안쓰럽고 힘들지만 다른 사람에게 아이를 맡기고 자기 일을 하는 것에 대한 갈등이 덜하다. 어느 쪽이든 결정을 하고 나서 '나 이래도 될까?'라는 고민은 하지 말자. 누구도 두

마리 토끼는 못 잡는다. 자신이 어떻게 해야 행복할 에 대한 가치 기준은, 그것이 아주 이상하고 병적이고 부적절하지만 않다면 어느 누구도 그 사람을 비난할 수 없다. 뭔가 잘못했다고 후회하거나 죄책감을 갖지 마라. 이것이 그 순간에는 최선이었고, 그 순간 당신이 가장 옳다고 생각하는 방향으로, 당신이 가장 행복할 수 있는 방향으로 선택한 것이기 때문이다. 스스로의 선택을 믿어라. 나는 당신의 선택을 믿는다.

항상 내 안의 불안 신호를 체크해라

불안은 언제나 우리 가까이에 있다. 그 정도를 결정하는 것은 나 자신이다. 내 생활에 도움을 줄 정도만 적당히 취하느냐, 그 정도를 넘어서느냐를 결정하는 것은 무의식적인 면이 많지만 실은 우리 자신이다. 우리는 항상 부부 관계를, 부모와 자녀 관계를, 대인 관계를 해치는 수준의 불안을 갖지 않도록 스스로 단속해야 한다. 자신도 모르게 하는 행동들이 잦다면 자신의 불안이 정도를 넘어섰음을 의심해라.

첫째, 무관심을 조심해라. 무관심은 고집스러움으로 나타난다. 고집이 있는 사람들은 "이것은 이렇게 하면 안 되거든" 하면서 다른 사람의 행동을 자기가 원하는 대로 바꾸거나 그러지 못하면 튕겨나간다. 자신이 행동을 바꾸어야 한다면 아예 연을 끊어버리기도 한다. 또는 뭔가 처리를 못 할 것 같으면 회피한다. 회피는 굉장히 고집스러운 특성을 반영한다. 아무리 좋은 마음을 품고 있더라도 무관심, 고집, 회피로 보이는 행동을 한다면 상대와의 관계에 좋지 않은 영향을 끼친다. 고집은 합리성이 부족한 모습이다. 내가 상처를 받지 않으려고, 내가 불편하지 않으려고 내 생각만 주장하는 것이다. 고집을 피우는 사람의 머릿속에는 온통 '나'밖에 없다. 스스로에게 물어봐라. '내가 고집이 좀 있나?' '내가 평소에 남의 충고를 좀 안 듣는 편인가?' 그렇다면 당신의 의도와는 상관없이 남들은 오해할 수 있으므로 반드시 고쳐야 한다. 자기는 무관심하다고 생각하지 않는데 종종 주변으로부터 무관심하다는 말을 듣는다면 가족 구성원한테 물어봐라. 아내한테도 "당신, 내가 좀 무관심한 것 같아?"라고 물어보고, 애들한테도 "아빠가 좀 무관심한 것 같니?"라고 묻는다. 모든 사람이 "예스!"라고 대답하면 말할 것도 없고, 그중에 한 사람이라도 "예스!"라고 했다면 자신을 바꾸려는 노력을 해야 한다. 단 한 사람이 무관심하게 느꼈더라도 그 사람과의 관계는 소중하기 때문에 반드시 바꾸어야 한다. 특히 아빠들은 남자들이 쉽게 보이는 불안 신호인 무관심을 경계해야 한다. 다음은 당신이 무관심한 사람임을 알려주는 신호들이다.

- 자신이 지나치게 고집을 피우는 것 같다.

- 어떤 사람의 말이 아무 이유 없이 듣고 싶지 않다.

- 자꾸 그 말을 들으라고 하면 화가 난다.

- 너무 자주 화가 난다.

- 상대에게 '너 한 번만 더 그러면 혼날 줄 알아' 식으로 강압적인 표현을 자주 쓴다.

- 집에 오면 조용히 혼자 있고 싶다.

- 아내랑 대화하는 것보다 컴퓨터나 TV를 가까이하는 것이 좋다.

- 아내의 대화 요청이 싫다.

- 자꾸 귀가 시간이 늦어지고 집에 들어가기 싫다.

- 아이, 집안일에 관해 아내가 말을 걸면 일단 싫은 느낌부터 든다.
- 대화를 할 때마다 자신도 모르게 아내나 아이를 폄하한다.

둘째, 지나친 걱정이다. 지나친 걱정 또한 불안으로 인해 표출되는 행동이다. 같은 말을 계속 반복하거나 상대가 자기 생각대로 바로 움직이지 않는 게 견딜 수 없다면, 그것은 내 안의 불안 때문이다. 때문에 과잉 개입하고 과잉 통제하고 싶은 그 마음 안에도 '나'밖에 존재하지 않는다. 사람은 마음의 여유와 평화가 있어야 걱정스러운 것을 그때그때 해결할 수 있고, 다음 문제로 넘어갈 수 있다. 그런데 걱정이라는 것은 한번 생기기 시작하면 하루 종일 아무 문제도 해결하지 못하게 하고 사람을 닳아버리게 만든다. 그러다 보니 항상 지쳐 있고 매 순간이 짜증스럽다. 마음이 평화로울 때는 좋게 설명할 수 있는 말도, 자꾸 쏘아붙이게 된다. 자신은 아닌 것 같지만 주변에서 "너 왜 그렇게 종종거려?"라고 말한다면 역시 가족 구성원이나 아주 가까이 지내는 지인에게 물어봐야 한다. "내가 좀 불안해 보여?" 또는 "내가 좀 걱정이 많은 것 같아?"라고 물어봐라. 혹 상대가 대답을 머뭇거리면 "내가 그렇게 하면 좀 힘들어?" 또는 "내가 혹시 뭔가 불편하게 하는 것 있어?"라고 물어봐준다. 특히 엄마들은, 여자들이 자주 보이는 불안의 신호인 걱정을 경계하라. 다음은 당신이 '지나친 걱정'을 하는 사람임을 알려주는 신호들이다.

- 잔소리가 자꾸 많아진다.
- 걱정을 안 하고 있는 게 걱정일 정도로 걱정이 떨쳐지지 않는다.
- 꼭 필요한 정보가 아닌데도 자꾸 인터넷 검색을 한다.
- 이미 결정된 사항인데도 다른 사람의 생각이 자꾸 궁금하다.

- 다른 사람의 말을 들으면 귀가 얇아진다.

- 아이를 키울 때 내 뜻대로 안 되면 불안하다.

- 너무 자주 화를 낸다.

- 나의 걱정을 해결해주지 않는 남편이 꼴 보기 싫다.

- 종종 "아까 얘기해줬잖아. 왜 바보같이 못 알아들어"라고 짜증스럽게 말한다.

- 혼자 있으면 자기도 모르게 신세 한탄을 하고 있다.

- 항상 너무 힘들고 지친다.

불안은 밖에서 오는 것이 아니라 모두 내 안에서 비롯된다. 때문에 불안하다면 그다음부터는 초점을 '나'로 돌려야 한다. '나는 뭐가 불안하지? 나는 어떨 때 불안해질까? 뭐가 나의 불안을 유발하지? 불안할 때 내가 주로 쓰는 방법은 뭐지?' 하고 생각해본다. '내가 성질을 내는구나, 내가 말을 좀 함부로 하는구나, 내가 잔소리가 좀 많구나, 내가 문제로부터 도망가는구나' 등 불안의 모습을 제대로 보아야 한다. 불안의 모습을 제대로 보는 것만으로도 불안은 어느 정도 낮아진다. 불안을 다룰 때 가장 위험한 상황은 내가 왜 불안한지, 내가 불안하면 어떻게 되는지를 알지 못할 때다. 하지만 불안의 정체를 알고 내가 그로 인해 어떻게 변하는지 알면, 이미 그것만으로도 불안은 옅어진다. 불안도가 높으면 누구나 행복하기 어렵다. 정말 행복해도 되는 순간조차 불안 때문에 행복을 의심하기 때문이다. 부모의 불안도가 높으면 아이에게 주는 영향은 치명적이다. 아이가 부모로부터 행복이 아니라 불행을 학습하기 때문이다. 부모의 불안한 습관을 그대로 배워서 행복을 행복인지 모르는 아이로 자랄 수 있다. 아이에게 부모가 행복한 모습을 보여주는 것만큼 좋은 교육은 없다.

자, 책을 모두 읽었다. 당신은 공부를 하듯 꼼꼼히 읽었을 수도 있다. 그렇다면 이제 당신은 변했을까? 아마도 책을 읽는 동안 "내가 이래서 이랬구나" 하며 여러 번 무릎을 치고, 책에 나오는 글귀를 수첩 한구석에 빽빽이 적어두었다 하더라도 많이 변하지는 못했을 것이다. '아이를 위해 반드시 변해야겠다!'는 강한 동기를 가지고 진료실에 찾아온 부모들도 변하는 데 최소 6개월에서 1년은 걸린다. 내가 직접 진료를 했으니 6개월에서 1년이면 그들이 완전 새사람이 될까? 미안하지만 그렇지 않다. 6개월에서 1년 동안 바꿀 수 있는 것은 단지 의사소통을 할 때 서로 비난하지 않는 것, 단 하나다. 그것 하나 고치기도 정말 어렵다. 때문에 자신이 부모로서 가지고 있는 모든 문제점을 해결하려면 평생 노력을 해야 한다.

나는 이 책을 읽은 당신이, 지금 이 순간 딱 한 가지의 작은 목표를 정했으면 좋겠다. 올해 나는 아이와 남편에게 절대 지적을 하지 않겠다, 올해 나는 일주일에 한 번, 10분 이상은 아무 말 없이 아내의 말을 진심으로 들어주겠다, 올해 나는 밥상머리에서 아이에게 절대 훈계를 하지 않겠다, 올해 나는 화가 나면 반드시 속으로 다시 한 번 생각해보겠다 등 뭐든 좋다. 너무 완벽하게 이론대로 변하려고 하면 스트레스만 받고 죄책감이 심해진다. 작은 것, 단 하나부터 시작해보자. 분명 1년이 지나면 변한 자신의 모습에 놀라고, 그에 맞춰 나타나는 아이의 변화, 배우자의 변화에 또 한 번 놀라게 될 것이다. 나는 세상의 모든 부모들을 응원한다.

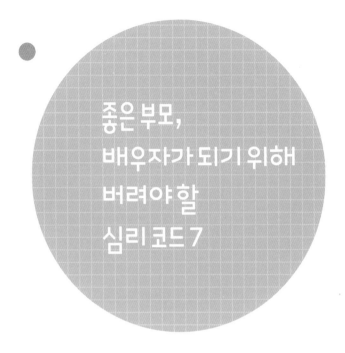

좋은 부모,
배우자가 되기 위해
버려야 할
심리 코드 7

사람은 누구나 불안하다. 불안하다는 것은 정상적인 것이다. 그 불안이 일상생활을 하는 데 큰 방해를 하지 않는다면 정상이다. 일어날 수 있는 많은 위기를 미리 대비하게 하고 적절한 대책을 세울 수 있도록 도와준다면 그 불안은 정상이다. 만약 불안이 일상생활의 적응을 방해한다면 얘기는 달라진다. 더욱이 부모로 살면서 너무 불안하다면 다음과 같은 심리 코드가 내 안에 존재하지 않는지 살펴보자. 만약 그렇다면 그 심리 코드부터 버리기 위해 노력해보자. 혼자서 하기 힘들다면 전문가의 도움을 받아서라도 다음과 같은 심리 코드는 반드시 버려야 한다.

피해 의식

아내와 자식을 먹여 살리기 위해 열심히 돈만 벌어온 한 집안의 가장인 아빠. 어느 날 집에 돌아와보니 아이들은 엄마하고만 속닥거리고 집 안 어디에도 자신의 자리는 없어 소외된 느낌이다. 이제라도 아이들과 대화를 해보려고 시도하지만 공감대도 찾을 수 없고, 아이가 무슨 말을 하는지도 도통 알아들을 수 없다. 그순간 아빠들은 일종의 피해 의식을 느낀다. '도대체 내 인생은 뭔가?' 하며 고독해하고 외로워진다. 그런데 피해 의식이 느껴지는 순간, 그 감정을 빨리 버려야 한다. 그리고 스스로 바뀌어야 한다. '지금까지 너희들 먹여 살리기 위해 집에는 무관심할 수밖에 없었다'라는 아빠의 명제를 바꿔야 한다. '내가 우리 가족을 정말 사랑한다면 이제라도 관심을 가져야겠구나' 하고 생각하고, 지금까지의 잘못을 인정하고 아이들과 아내에게 따뜻한 말 한마디를 건네자. "아빠가 그동안 무심했던 것 같은데 미안하다. 가족들 뒷바라지를 위해서 바깥일만 잘하면 될 거라고 생각해서 너희들한테 신경을 못 썼다. 그러지 말았어야 했는데 미안하다"라고 말할 수 있어야 한다. 그래야만 외톨이에서 벗어날 수 있다. 회사 직원들과 잘 지내기 위해 어떤 행동을 했는지 잘 생각해보고, 가족들에게도 그렇게 대한다. 사소한 것에도 관심을 가져주고 조금만 잘해도 칭찬해주고 고민이 있는 것 같으면 얘기도 들어주고 가끔 회식도 하자. 직원들이 힘들어할 때 격려의 말을 건넨 것처럼 아이들과 아내에게도 그렇게 해보자.

엄마들은 아이 키우고 남편 뒷바라지하느라 자신한테는 신경을 쓸 여력이 없었는데, 남편은 회사에서 임원이라고 거들먹거리면서 아내한테 "왜 이렇게 촌스럽냐?"며 불평한다. 아내가 "당신이 나한테 제대로 된 옷 한 벌 사준 적 있어?" 하고 따지면 "사 입어. 카드 있잖아?"라고 말한다. 하지만 엄마들은 거금을 주고 옷을 살 수 없다. 그 상황에서도 '이 돈이면 애 학원 하나 더 보낼 수 있는데' 하는 생각이 들기 때문이다. 그렇게 애지 중지 키운 아이는 컸다고 엄마 말도 안 듣고 친구들하고만 어울려 다니고, 목숨 걸고 공부를 시켰지만 대학도 못 가게 생겼다. 그럴 때 엄마는 외로워지고 '나는 뭔가?'라는 피해 의식이 든다. 엄마들은 피해 의식이 느껴지는 순간, 자신을 찾아야 한다. 그동안 배우고 싶었던 것을 배워도 좋다. 사이버대학이나 방송통신대학, 평생교육원, 구청의 문화센터 등 적은 비용으로 배울 수 있는 것들이 정말 많다. 배우는 것이 싫다면 틈틈이 좋은 영화라도 보러 다니자.

내 안의 정체성 중 나를 위한 것의 개수를 조금씩 늘려나가야 한다. 그래야 덜 억울하다. 나를 버리고 아이를 위해 살았다고 억울해하지 말아야 한다. 아이한테 가장 중요한 황금 시기에 내가 부모로서 최선을 다해 키웠다는 그 자체만으로도 그 시간은 충분히 가치가 있다. 다른 사람이 그것을 인정하느냐, 인정하지 않느냐는 중요하지 않다. 나에게 그 시간이 소중했으면 그것으로 그만이다. 그것이 부모가 자식에게 주는 조건 없는 사랑이다. 만약 너무 억울해서 견딜 수 없다면 남편이나 아이들에게 솔직할 필요가 있다. "엄마가 너를 위해 평생을 바쳤는데 네가 무심한 것 같아 좀 서운해"라고 말하고 저녁이라도 온 가족이 같이 먹자고 말해라. 하지만 나의 사랑이 정말 아무 조건이 없었다면 너무 억울해하지 마라. 그 자체로도 충분히 가치 있으므로 스스로 자신에게 '뿌듯함'이라는 상을 주어야 한다.

고집

아빠들은 다른 사람의 말을 들으면 그것이 자신의 삶에 영향을 준다고 생각해서 두려

위한다. 자신이 준비하거나 예측하지 못했던 것이 영향력을 행사하고 삶을 뒤흔들까 봐 두려운 것이다. 그래서 아빠들은 자신의 방식을 고집한다. 그렇게 되면 아빠 자신이 가족 안에서 '문제'라고 느끼는 그 점이 점점 심해진다. 언젠가 진료를 받았던 한 아이는 "아빠와 대화를 나눌 때마다 아빠가 소리를 지르고 화를 내서 앞으로 아빠하고는 아무 말도 안 하기로 마음먹었다"고 말했다. '우리 아빠, 혹은 남편은 고집불통이야. 어떤 대화도 안 돼'라고 생각하면 가족 누구도 아빠에게 말을 걸지 않는다. 그러면 아빠는 고집이라는 성에 갇혀서 혼자 사는 신세가 된다. 그런 아빠는 자신이 본능적으로 남의 말을 잘 듣지 않는다는 것을 파악하고, 의식적으로 남의 말을 잘 듣기 위해 노력해야 한다. 아무리 노력해도 안 고쳐진다면 전문가와 상담해볼 것을 권한다. 고집이 세다는 것은 그만큼 불안이 높다는 것을 의미한다. 이럴 경우 혼자 노력해서는 절대 고칠 수 없다.

엄마에게는 남의 말을 안 듣는 고집은 거의 없다고 본다. 엄마들은 남의 조언을 잘 받아들이는 편이다. 엄마들이 유일하게 고집스러울 때는 원망의 넋두리를 할 때다. 시어머니나 남편이 어떤 상처를 주었을 때, 그들을 원망하며 했던 말을 또 하고 또 하는 모습은 정말 고집스럽다. 예를 들어, 시어머니가 김장하는 것을 도우러 갔다가 공교롭게도 아이가 유산이 되었다면 "그때 시어머니가 그렇게 일을 시키지만 않으셨어도 이런 일이 없었을 텐데…"라며 언제까지고 그 얘기를 한다. 원망의 넋두리에는 반드시 나를 괴롭히는 악역을 맡은 인물이 등장한다. 그 사람이 모든 문제의 진원지인 것 같고, 그 사람만 없으면 지금 내가 많은 부분에서 행복할 거라고 생각한다. 아빠들은 자신이 중요하게 생각하는 삶의 방식을 고집스럽게 바꾸지 않으려고 한다면, 엄마들은 인생에 영향을 준 사람을 고집스럽게 원망하곤 한다. 과거에 일어난 일은 이미 벌어진 일이다. 없앨 수도 없으며 어쩔 수도 없다. 고통스러워도 내 삶의 일부로 받아들여야 한다. 지금 할 수 있는 일은, 그 일을 어떻게 처리하느냐다. 그래야 내 미래가 바뀐다. 과거에 일어났고 절대 바꿀 수 없는 일을 고집스럽게 계속 얘기하면, 상대방이 나에게 준 피해가 10이라면, 그 원망의 넋두리에 몰입되어 내가 얻는 피해는 100이 된다. 그로 인해 이후에 나에게 일어날 좋은 일과 행복을 모두 놓치고 만다. 즉, 내가 나에게 더 많은 피해를 주는 상황이 된다.

자기중심적 사고

때때로 부모들은 아이에게 자신의 삶의 방식을 따를 것을 지나치게 요구하는데 이것이 자기중심적인 사고다. 중요한 일을 결정할 때도 그렇지만, 아이와 감정적으로 갈등할 때도 더욱 그렇다. 외고에 가겠다는 아이가 시험을 망쳤다. 부모는 "대체 이 성적으로 어떻게 외고를 가겠다는 거야? 외고에 가고 싶으면 공부를 열심히 했어야지!"라며 비난하듯 말했다. 아이는 "걱정하지 마세요. 제가 알아서 한다니까요" 하면서 방문을 탕 소리나게 닫고 들어갔다. 이때 자기중심적인 사고가 강한 사람은, 버릇없는 아이의 행동을 고쳐야겠다는 식으로 자기한테 중요한 것만 생각한다. "너 엄마한테 이게 무슨 행동이야? 얼른 나와서 좋게 말하고 다시 들어가"라고 말한다. 그러나 이 상황은 엄마나 아이 모두에게 그런 교육을 하고 받을 만한 감정 상태가 아니다. 서로 감정적으로 격분해 있는 상황에서 예절 교육이란 어불성설이다.

자기중심적인 사고를 하는 사람들은 상대방의 기분이나 의견, 현실의 상황은 고려하지 않고 자기가 중요하게 생각하는 것만 고집하는 경우가 많다. 아이의 친구들이 집에 놀러 와서, "너희들 뭐 먹을래?"라고 물었더니 아이들이 하나같이 햄버거를 먹고 싶다고 한다. 엄마는 사먹는 햄버거보다는 직접 만들어 먹일 생각으로 좀 기다리라고 말한다.

하지만 아이들은 햄버거를 만드는 시간을 기다릴 수 없을 만큼 몹시 배가 고프다. 그래도 엄마는 몸에 나쁜 패스트푸드는 안 된다며 계속 기다리라고 한다. 이 또한 자기중심적인 사고다. 아이들이 배가 고프다는 것보다 본인의 좋은 의도를 더 중요시한 것이다.

자기중심적인 사고를 하는 부모는 아이를 열심히 키우고 아이에게 잘해주려고 노력하지만, 나중에는 엄청난 피해 의식을 느끼기도 한다. 본인은 평생 아이를 위해 희생했는데 아이는 오히려 부모를 원망하기 때문이다. 엄마는 비싸도 유기농 과자를 사먹이고 힘들게 좋은 음식을 만들어 먹였는데, 아이는 누구나 먹는 시판 과자를 못 먹은 것이 평생의 한이 된다. 자신과 상대방의 입장이 다를 때는 타협도 하고, 한 발짝 뒤로 물러나기도 해야 하는데, 자기중심적인 사람은 고집스럽게 자기 입장으로만 바라보고 그게 옳다고 우긴다. 만약 나에게 자기중심적인 사고를 하는 경향이 있다고 생각하면 그런 사고를 버리기 위해 노력해야 한다. 그러기 위해서는 스스로에게 항상 물어보는 연습이 필요하다. 나는 이게 중요한데 다른 사람은 어떤 게 더 중요한지 의견을 물어보는 습관을 키운다. "맛있는 것을 만들려고 하는데, 조금 기다릴 수 있니? 너무 배가 고프니?" 하고 물어봐서 아이들이 "너무 배가 고파요"라고 대답하면 타협을 해야 한다. 아이들이 원하는 햄버거를 사주든지, 햄버거를 만드는 동안 기다려야 할 아이들에게 다른 먹을 것을 줘야 한다. 나에게 자기중심적인 면이 있다면 생활 속에서 끊임없이 연습하여 내 사고와 행동 패턴을 바꿀 수밖에 없다.

무력감

무력감이란, 뭘 해도 제대로 할 수 없을 것 같은 느낌이다. 부모들은 아무리 노력해도 좋은 엄마 또는 좋은 아빠가 될 수 없을 것 같은 기분이 들 때가 있다. 아빠들은 자신이 아빠로서 어떠한 영향력도 행사하지 못하는 것 같고, 아내나 아이가 자신의 말을 듣지 않는 것 같을 때 무력감을 느낀다. 무력감이 생기면 누구나 괴롭기 때문에 무력감을 느끼게 하는 자극이나 장소를 피하려고 한다. 그런 이유로 아빠들은 집 밖으로 돌면서 잦은 술자리를 갖는다. 집에서는 제대로 대접을 받지 못하지만 술자리에서는 존재감을 확인하고 우쭐해할 수 있기 때문이다. 하지만 이런 태도로는 절대 무력감을 극복할 수 없다. 무력감을 해결하기 위해서는 원인이 되는 자극이나 대상, 장소를 절대 피해서는 안 된다. 무력감이 느껴지는 순간, 자신이 어떤 것에 무력감을 느끼는지 곰곰이 생각해본다. 가족으로부터 무력감이 느껴진다면 가족에게 솔직하게 말한다. "아빠가 요즘 마음이 그렇다. 이런 마음을 떨쳐내고 싶은데 내가 어떻게 하면 너희들이 편하겠니?"라고 묻는다. 아이들이나 아내가 의견을 내면 "내가 한꺼번에 다 할 수는 없지만 조금씩 노력해볼게"라고 대답하고 작은 것부터라도 실천한다.

무력감은 내 마음대로 다른 사람을 지배하려는 사람일수록 더 강하게 느낀다. 엄마들은 아이를 잘 키우고 싶은 마음에 과잉 개입하거나 과잉 통제하는데 이것이 뜻대로 잘 안 될 때 무력감을 느낀다. 아이에게 스케이트도 배우게 하고, 영어는 물론 수학도 시키고 싶은데 아이는 자랄수록 말을 듣지 않는다. 아이가 말을 안 들을수록 엄마들은 무력감을 느끼기 시작한다. 이런 상황이 되면 엄마들은 그동안 해왔던 방식을 바꿔야 한다. 지금까지 해왔던 그대로 행동하면 둘의 사이가 더 나빠진다. 다른 방식의 조언을 듣고 싶을 때는 전문가와 상담하는 것도 좋다. 본인이 혼자 해결하기 위해 조금씩 행동에 변화를 주었다고 생각해도 지금까지의 방식을 답습했을 경우가 많다. 어린아이를 키우는 엄마가 무력감이 느껴진다면, 자신에게 혹시 완벽주의적인 성향이 있지는 않은지 생각해본다. 대개 자신의 생각대로 되지 않을 때 사람은 무력해진다. 좋은 엄마이고 싶었지만 아무리 노력해도 아이를 편안히 키울 수 없을 때 엄마들은 무기력해진다. 하지만 양육에서 엄마들이 느끼는 무력감은 많은 경우 엄마의 무능력 때문이 아닌 경우가 많다. 아이의 기질이나 아주 작은 기술의 부족이 원인이 되기도 한다. 그럴 때는 빨리 전문가의 도움을 받아야 한다. 내가 최선을 다했는데도 아이가 밤새 울어댄다면 그것은 아이에게 도움이 필요하다는 신호다. '못난 엄마'라고 자책할 필요가 없다. 이런저런 노력을 해봤는데도 변화가 없으면 하루빨리 전문가의 도움을 받아야 한다. 그것을 내 안에 묵혀두면 불안이 될 수 있으니 누군가의 도움을 받아서라도 해결하는 것이 현명하다.

무시

엄마들은 종종 아빠들이 아이에 대한 이야기를 할 때 "알지도 못하면서"라며 무시한다. 아빠들도 엄마들에게 "당신이 세상에 대해서 뭘 알아? 돈 버는 게 쉬운 줄 알아?"라면서 무시한다. 두 사람의 이와 같은 마음속에는 돈을 버는 것(밖에 나가서 활동을 하는 것)과 집에서 살림하고 아이를 보살피는 것 중 자신이 하는 일이 더 가치 있다는 생각이 깔려 있으며, 그 생각의 바닥에는 불안이 존재한다. 상대방을 무시할 때 보면 대화를 더 이상 이어가지 않겠다는 표현을 자주 쓴다. "됐어, 그만해"라는 말로 상대방의 말을 끊는다. 이런 말을 하는 속마음에는 '집안일에는 내가 신경을 안 쓰게 해줘, 당신이 뭘 안다고 그래, 저 사람은 내게 너무 많은 것을 요구해, 난 좀 버겁다, 우리 애가 대학도 못 간다고? 말도 안 돼, 듣기 싫어, 우리가 그 정도 능력도 없어?' 등 많은 생각이 깔려 있다. 잘 이해가 안 돼서 상대방의 이야기를 피하고 싶거나 자신이 감당할 수 없어서 도망가고 싶은 마음도 있다. 하지만 듣는 사람은 그런 마음을 충분히 헤아리고 듣는 것이 아니다. "됐어, 그만해"라는 말을 듣는 순간, 상대방이 자신을 무시했다고 느낀다. 자신의 불안 때문에 회피하고 싶어서 하는 말로 들려 기분이 나빠진다.

상대방을 무시할 생각이 아니었는데 자꾸 무시하는 표현을 쓰게 된다면, 당연히 자기 안에 있는 심리적인 문제를 해결해야 한다. 그러기 위해서는 현실을 직시하고 받아들이는 자세가 필요하다. 그렇게 하지 않으면 변화하기 어렵다. 이해할 수 없다면 이해를 위한 정보를 요청하고, 감당할 수 없으면 감당할 수 없다고 솔직하게 도움을 요청해야 한다. 그래야 상대방도 자신이 무시당한다는 생각을 하지 않는다. 아빠들이 아내의 징징거리는 소리가 싫어서 의사소통을 할 수 없다면 "나한테 이메일로 보내줄래?"라든지 "당신이 하는 말을 생각해보려는데 종이에 적어서 주면 안 될까?"라고 부탁하는 것도 하나의 방법이다. 소통의 방식을 바꿔서라도 소통할 수 있는 방법을 찾아야 한다.

인간관계의 기본이 되는 것은 존중이다. 사실이든 사실이 아니든 다른 사람을 무시하는 태도는 반드시 개선되어야 한다. 혹시 상대방이 하는 일이 본인의 역할보다 가치가 없다는 생각으로 무시한다면 그 생각을 바꿔야 한다. 엄마 아빠 두 사람의 일은 우위를 판가름할 수 없을 정도로 모두 가치 있다. 정성과 사랑만 가지고 비교하면 아이를 키우는 일이 더 가치 있을 수 있지만, 현대사회에서 '돈'이 차지하는 위상도 무시할 수 없다. 부모에게 필요한 태도는 둘 중 어떤 것이 더 가치 있느냐에 대한 평가가 아니라, 서로의 역할을 존중하는 것이다.

화

우리는 많은 감정들을 '화'로 표현한다. 너무 보고 싶어도 화를 내고, 너무 사랑해도 화를 내고, 너무 걱정돼도 화를 내고, 너무 미워해도 화를 낸다. 감정의 발달이 잘 이루어지지 않은 사람일수록 자기 안에 감당할 수 없는 모든 불편한 감정을 화로 표현하는 버릇이 있다. 이중 단골 메뉴가 되는 감정이 바로 걱정과 불안이다. 걱정과 불안을 다루는 기술이 미숙하여 버럭 화를 내는 것으로 표현하는 것이다. 따라서 스스로도 주체할 수 없을 만큼 느닷없이 화가 난다면 자기 안에 어떤 걱정과 불안이 있는지 그 정체를 알아볼 필요가 있다. 화를 낸 다음 한 번만 돌아봐라. 내가 어떤 감정이 들어서 화가 났는지를. 화를 일으키는 본질의 감정을 먼저 다루어야 화를 내는 버릇을 멈출 수 있다. '내가 조금 전에 왜 소리를 질렀지?' 혹은 '내가 왜 화가 났을까?' 생각해본다. '주변 아이들은 좋은 대학에 가는데 우리 아이만 전문대에 간다는 소리가 나의 열등감을 건드렸구나' 하고 자신의 열등감으로 인해 다른 사람을 불편하게 했다는 것을 인정해야 한다. 이렇게 화가 날 때마다 화를 냈던 이유를 살피다 보면, 어느 순간 화를 내기 전에 왜 화를 내려는지 먼저 생각나고, 화산이 분출하듯 솟아오르는 화를 잠재울 수 있게 될 것이다.

화는 자기 감정을 원색적으로, 본능적으로, 원시적으로 처리하는 것이라 할 수 있다. 마치 목에 가래가 생겼는데 다른 사람은 개의치 않고 바닥에 뱉는 행동과 다를 바 없다. 자기 감정만 중요하고 자기만 편하기 위해 주변 사람은 전혀 배려하지 않는 것이 바로 화다. 극도로 미숙하고 이기적이고 자기중심적인 행동이다. 따라서 반드시 고쳐야 한다. 불편한 감정을 갖지 말라는 것이 아니라 불편한 감정은 그대로 표현하고, 부적절하지 않게 처리해야 할 방법을 고민해야 한다. 화를 내면 상황이 종료되는 것 같아 감정이 처리되었다고 느끼지만, 본질의 감정은 그대로 남아 있으므로 하나도 해결된 것이 없다. 오히려 화를 냄으로써 일어나는 또 다른 죄책감 때문에 다른 문제까지 생겨날 수 있다.

의존심

결혼은 성인이 개별화되어 스스로 자신의 삶을 충분히 이끌어갈 수 있을 때 하는 것이 바람직하다. 하지만 요즘 젊은 부모들은 그렇지 않은 면이 많다. 많은 젊은 부모들이, 미혼일 때 자신을 보호해준 부모의 역할을 결혼 이후에도 배우자가 해주기를 바란다. 지나친 의존 욕구를 가지고 끊임없이 배우자에게 부담을 준다. 엄마가 전업주부라도 아이는 부모가 함께 키워야 하기 때문에 아빠는 가급적 일찍 집으로 들어와야 한다. 하지만 회사의 중요한 업무로 일주일 이상 출장을 가게 되면 그때는 엄마가 전담할 수밖에 없다. 그런데 이런 경우조차 "꼭 가야 해? 나 혼자 어떻게 해!" 하면서 징징대는 엄마들이 의외로 많다. 성인으로서 자신이 감당해야 하는 몫까지 부모한테 조르듯 배우자에게 요구하는 것이다. 그것이 채워지지 않으면 "당신이 어떻게 나한테 이럴 수 있어?"라며 억울해하기도 한다. 아빠들은 자신의 열등한 부분, 좌절감 등에 직면하여 이를 해결하지 못할 때 술에 의존한다. 술을 지나치게 많이 마시는 사람은 자신에게 의존심 내지는 도피심, 정서적인 미숙함이 있는지 살펴봐야 한다. 의존심이 있다면 자신의 나약함을 직면하고 인정해야 한다. 그리고 그 대상이 아이든 아내이든 솔직하게 털어놓아야 한다. 도와달라고 요구하고 어떤 방법이 있는지 의논해야 한다.

누구나 처음부터 주어진 역할을 잘해낼 수는 없다. 부모 역할도 마찬가지로 이골이 날 정도로 해봐야 잘할 수 있다. 그러기 위해서는 그만큼 시간과 노력이 필요하다. 분명히 기억해야 할 것은, 부모는 성인이다. 성인으로 결혼해서 아이를 키우는 일은 당연하고, 그로 인해 발생하는 어려움은 본인이 알아서 해결해나가야 한다. 알아서 해결하라는 것이 반드시 혼자 해내라는 것은 아니다. 칭얼거리고 투덜대지 말고 현재 상황에서 최선의 선택을 하면서 헤쳐나가야 한다.

혼자서 힘들다면 잠시 육아를 도와주는 곳을 찾아볼 수도 있다. 남들의 시선을 의식할 게 아니라 자신에게 큰 문제로 느껴진다면 그렇게 해야 한다. 이럴 경우 남편은 아내를 무능력한 엄마라고 비난해서는 안 된다. 술에 의존하는 아빠들도 현실적인 대책을 세워야 한다. 회사에서 승진이 걱정이라면 영어 공부를 하는 등 투자를 하고, 육아가 걱정이라면 아내에게 가사 도우미를 제안할 수도 있다. 아빠들이 술을 마시면서 "남자들은 다 그렇지 않나요?"라고 말하지만, 요즘 남자들은 절대 다 그렇지 않다. 자기 안의 문제를 알고 그것에 직면하여 대책을 세워야 한다. 그것이 결혼한 어른이 해야 할 행동이다.

칭
찬
해
플
래
너

Daddy's Year Plammer

Wish for

- 하루 10분, 아내 이야기 들어주기
- 아이 일에 회피하지 않고 관심 갖기
- 아이가 좋아하는 것 함께 하기
- 아이가 잘못해도 즉시 화내지 않기
- 시간을 내어 아이와 운동하기
- 식사 시간에 훈계하지 않기
- 일찍 귀가해 집안일 함께 하기
- 아이에게 최선을 다해 사랑해주기
- 아이를 다그치거나 과잉 통제하지 않기
- 경청하고 존중하기
- 아내 탓하지 않기
- 아이의 선택과 판단을 존중해주기

Mommy's Year Plammer

Wish for

- 하루에 한 번, 마음속 불안 체크하기
- 아이에게 잔소리하지 않기
- 남편과 아이를 다른 사람과 비교하지 않기
- 나의 선택을 자책하지 않기
- 아이의 잘못을 비난하지 않기
- 남편에게 불평하지 않고 도움 요청하기
- 아이 앞에서 아빠 흉보지 않기
- 아이가 나와 다른 사람임을 이해하기
- 가족에게 상처 주는 말 하지 않기
- 아이 일에 먼저 결론내지 않기
- 아이 고민 들어주기
- 행복한 식사 시간 만들기

o
옆의 예시를 참고하여, 매월 엄마 아빠
가 지키고 싶은 목표들을 각각 작성해
보세요. 잘 보이는 곳에 붙여두고, 매월
말일에 스스로 평가해보세요.